女性と天文学

L'astronomie au féminin

ヤエル・ナゼ 著
北井礼三郎　頼 順子 訳

恒星社厚生閣

Published in Tokyo by Kouseisha Kouseikaku Co., Ltd. 2021

はじめに

天文学に限らない広い範囲で、5人の女性科学者の名前を挙げよと言われたらどう答えるだろうか。多分5人も挙げられなくて、答えるのをあきらめてしまうだろう。女性の中にはガリレオやニュートン、ダーウィンあるいはハッブルのような人物がいないということだろうか？「常識」ではそのような女性はいないとされている。しかし、女性はもっと優れているのである。女性科学者の活躍は、実は最近始まったことではないのだ——足跡をたどることができる最古の女性天文学者はエン・ヘドゥ・アンナで、紀元前24～15世紀に生きていたのである！ ただ単に、これら女性科学者について語られることがほとんどないので、私たちが学校にいる間に紹介される「偉大な科学者」のうちの圧倒的多数が男性だというだけなのである。

もちろん、これにはいくつかの理由がある。意図的であってもなくても（時には検閲されていたということもあるかもしれないが）、女性の慎み深さが逆効果となっているのではないだろうか。もう一つの理由は、もっと根が深いものである。何世紀もの間、女性は一般的に、科学とりわけ天文学を学ぶ機会がほとんどなかったのである。このことも女性天文学者が知られていない理由であろう。しかし、次章以降で証明されているように、女性による天文学への貢献は大きなものがあったのである。

信じられないくらい多くの彗星や小惑星を発見したのは誰だろうか？　女性である。星の種族がどのように分類されるかを理解できるようにしたのは誰だろうか？　これも女性である。宇宙の距離を測ることを可能にする法則を発見し、宇宙の中に「灯台」のように明滅するものを発見し、星を形成する仕組みを理解し、私たちの宇宙観を覆したのは誰だろうか？　このような大事なことを成し遂げたのはすべて女性なのである……。

それぞれの章で天文学史において重要な成果をあげた女性一人を取り上げる。選ぶのは簡単ではなかった——すべての重要な女性の名を挙げることはできないのだから！　この選択の主要な基準は、ある時代の宇宙物理学の大きな命題に関する発見を成し遂げ、重要な科学の進歩を促した女性天文学者であることとした。読者の皆さんは本書を読み進めていくと、これら女性天文学者のそれぞれの生涯や、彼女たちの貢献の何が天文学にとって決定的だったかが理解されるであろうと考えている。各章には最初に短く天文学の関係する分野の解説を付けている。天文学に不慣れな読者に、各章の中心となる女性の本当の価値をよりよく理解していただくためである。

なお、この日本語の翻訳版では、テキストが更新されただけでなく、日本の女性天文学者の活躍についての章も追加された。

本書の目的は、熱狂的なフェミニズム（女権拡張論）に身を委ねることではなく、ただ幾人かの名高い女性科学者の生涯をたどることにある。彼女たちは、たまたま特性――女性ということ――が同じで、残念なことに、しばしばその業績が忘れられているのである（原注1）。著者は、そのことについて本書で伝えたいし、そうすることは理にかなっていると考えている。

（原注1）英米圏では女性科学者について数多くの研究がなされていることを指摘しておかねばならない。これらの多くの情報をもとにして本書はできている。――当然、これまで調べられなかった英米圏以外の女性科学者の生涯については網羅されていない。これからの課題と思っている。

目次

［女性と天文学］

第5章 星の工場——マーガレットの戦い 161

第6章 暗黒物質——ベラが抱いた疑問 187

第1章

天の半分

女性は天の半分を支える

(中国のことわざ)

◉先駆者たち

科学者について語られるとき、女性科学者のことが取り上げられることは滅多にない。科学と女性らしさという二つのものは寝室を別々にしている（つまり相性が悪い）とさえ見なされている。しかし、奇妙なことに、古代文明においてはアテナやイシスのような学識のある女神がしばしば見出される。彼女たちは、男性に航海や武器の作り方を教えたとされている。これら女性が女神となったのは、実は具体的な事柄がもとになっていると考える人々がいる。つまり、何世紀もの間にわたって知的かつ革新的であった女性たちがおり、その名声が反映されて伝説になったのであろうというのである。

女神として崇められたかは別として、すでに6000年前に科学の仕事に携わった女性の痕跡はある。これらの先駆者の痕跡が歴史の中にはっきりと残されているものは少ない。最古の女性天文学者の名前さえわかっていない。例えば、エン・ヘドゥ・アンナ、つまり「天に仕える女祭司（巫女）」という職務によって示されているだけなのである。

まずは古代女性天文学者の例として、エン・ヘドゥ・アンナ（紀元前24もしくは23世紀）を取り上げてみよう。彼女は、バビロニアの皇帝サルゴン一世の娘である。父親の意に従って、彼女は月の神ナンナの女大祭司になった。女大祭司として、彼女は神殿の様々な活動を監督した。当時神殿は学問の府であって、天体観測も行われていた。したがって、まさに天文学者のパイオニアとして、エン・ヘドゥ・アンナはバビロニアの天文台を率いたのである。彼女はその地位にあるとき、自身の甥である王に対する反乱を支持したために失脚してしまった。残念なことに、彼女の手になる専門書は現代まで何も伝わっていないが、数編の詩が今なお残っている。歴史家の中には、残存する文書は公的命令書であって正真正銘の個人的な著作ではないと考えている人がいる。一部には、もっと飛躍して、彼女の本当の身元が王の娘かどうかを疑う人もいる。彼らは、「エン・ヘドゥ・アンナ」という称号は総称であって、複数の女性がその地位についていたのかもしれないとさえ推測している。それゆえ、天文についての文学詩編の著作は、サルゴン一世の娘によって書かれてさえいないのかもしれない。しかし、これらの推測は彼女の個人的な貢献をあいまいにはするけれども、見方を変えると、当時女性科学者たちがいたということを、如実に示していると

図 1-1　エン・ヘドゥ・アンナのカルサイト石板。右から 3 番目の人物で、人類最初の女性天文学者として知られている（ペンシルバニア大学博物館所蔵）。

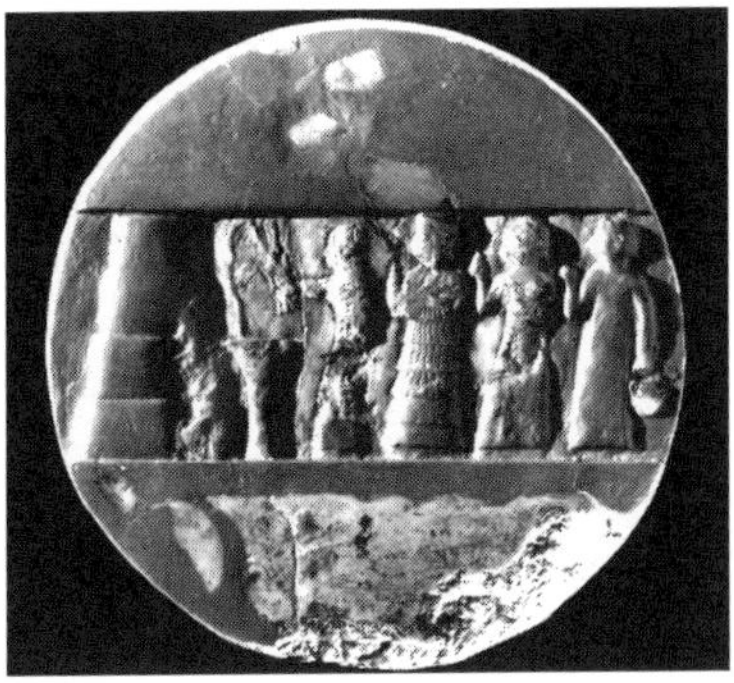

いうことができる。

いま一人の例として、天文学に身を捧げたエジプト人の王女を見てみよう。セソストリス（センウセルト）王の娘アガニケ（紀元前19世紀）である。自然哲学者、占星術者（当時、占星術と天文学は緊密なつながりがあった）としての彼女の名声は、４０００年後もなお記憶にとどめられる域に達していた。しかし、残念なことに、これら古代のすべての女性の評判が必ずしも良かったわけではない。ギリシア人女性のアグラオニケ（紀元前5世紀）は、月食の仕組みを理解したため、月食がいつ起こるか予言することができた。同時代の人々には、彼女は好きなときに月を消す不気味な力をもった危険な魔女と見なされていた。

ヒュパティア（３５５あるいは３７０〜４１５）の運命はさらにもっと悲劇的である。この美しい女性は、アレクサンドリアのムセイオン（アレクサンドリア図書館）に雇われていた哲学者テオンの娘である。テオンは、自分の娘を非の打ち所のない人物にしたいと望み、娘の教育を自分自身でしっかり行うことに決めた。結果は彼の期待を上回るものだった。というのも、ヒュパティアはあらゆることに偉大な才能を示したからである。彼女は哲学の教育を完全なものにするために、文化の中心であったアテナイに赴きさえした。しかし、結局彼女はアレクサンドリアに戻り、そこで初めは父親と、とりわけプトレマイオスの『アルマゲスト』の注釈に関する仕事をした。続いて、彼女は一人で数編の天文学と数学の著作を書いたが、残念なことに失われてしまった。彼女が様々な科学の装置を造り、その中に友人でプトレマイス司教であるキュレネのシュネシオス用のアストロラーベ（訳注1）が含まれていることもわかっている。アレクサンドリアで、彼女はすぐに父親をしのぎ、生きた伝説になった。一部の人々からは、彼女は地上に降臨した女神であると見なされさえした。ヒュパティアは数多くの講義を行い、哲学の問題について討論したり、時には路上でプラトンやアリストテレスの思想を説明したりした。遠方から人々が彼女の話を聞きに来たり、適切な助言を求めたりしたが、それが彼女を破滅へと導くことになった。事実、その頃、キリスト教徒が勢力を広げ始めており、彼らはユダヤ人や異教徒に対して激しい宗教闘争を行っていた。アレクサンドリアの司教キュリロスは、ローマ異教徒の長官オレステスと争い始めた。彼はオレステスの殺害を企てさえした。復讐として、オレステスはキュリロスの軽率な手下を公共の広場で死ぬほどの拷問にかけさせた。キュリロスはやり過ぎてしまったとわかったので、事態を鎮静化しようと努めたが、オレステスは全く耳を貸そうとしなかった。怒り狂って、キュリロスは元凶を探した。和解を妨げているのは、カリスマ的な新プラトン主義者で、古代の神々に身を捧げた、オレステスの助言者ヒュパティア以外にあり得なかった。ヒュパティアはある日の帰宅途中、キュリロスの神学生に率いられた狂信的な修道士の暴徒によって、乱暴に馬車から引きずり降ろされて拉致された。彼らは町を通ってカエサルの教会（カエサレウム）まで彼女を連行し、そこで容赦なく衣服をはぎ取った。その一団はヒュパティアに十字架に口づけをするように命じたが、彼女は拒否したと伝え

（訳注1）天体観測器。ある場所における太陽、明るい恒星、黄道十二宮の出入りや高度・方位を、計算によらず、視覚的な操作で知るための携帯用道具。逆に天体の高度から時刻を知ることもできる。（岡村定矩代表編者『天文学辞典』（シリーズ現代の天文学 別巻）、日本評論社、2012年）より

られている。真偽はともかく、その後に惨劇が起こったことは確かである。鋭利な瓦（原注1）を使って、彼らは祭壇の前で彼女の肉を削ぎ、生きながら四肢をバラバラにした。それから彼らは血に染まった遺骸をキナリオンと呼ばれた広場まで運び、そこで焼き払った。ヒュパティアの殺害は罰せられないままとなった――キュリロスは後に列聖されさえしたのである。彼女の死は地中海の傑出した都市の衰退の始まりを示している。アレクサンドリアは、そのときまでは学術によって古代世界を輝かせていたのである。

（原注1）もしくは牡蠣殻。ギリシア語の coupantes には瓦と牡蠣殻という二つの意味がある。

◉歴史に埋もれた女性科学者たち

どのような生涯を送ったとしても、古代に女性科学者と呼ばれた人は稀である。哲学界を支配したアリストテレスが、女性は論理も知性もない劣った存在であると強く主張していたのである。この意見は広く流布し、中世においても状況はほとんど改善されなかった。

ビザンツ帝国の皇妃のうちの幾人かは、科学を学んではいた。中世ドイツのビンゲンのヒルデガルト（訳注2）のように学識豊かな修道女もいた。それらを指折り数えても、その数はごくわずかである。アラブのムスリム世界においても、状況は同じである。マドリードのファティマ（10〜11世紀）という女性が著名だったのではないかという人はいる。彼女はコルドバのウマイヤ朝時

（訳注2）ベネディクト会系女子修道院長で、医学・薬草学に強く、ドイツ薬草学の祖とされる。

代に生きた天文学者で、父親（おそらく天文学者のマスラマ・アル＝マジュリーティー）が天文表を計算するのを手伝ったという。しかし、残念なことに、彼女の名前はたった一つの典拠、つまり1954年のほとんど信頼できない百科辞典の中でしか言及されておらず、歴史の専門家たちは彼女の存在さえ疑っているくらいである。

これに対して、アジアでは確かに一人の女性が実在する。彼女は朝鮮の女王であって、往時の東洋の精神を体現している人である。善徳女王（610〜650）と呼ばれる人で、彼女の父親は新羅王国の君主だったが息子がなく、自分の跡を継がせるために娘である彼女を選んだ。彼は娘の聡明さを見込んだのである。例えば、次のような逸話が語られている。父親は隣国の中国人たちから送られてきた牡丹の種子が入った箱を彼女に見せた。7歳の彼女は、それらの花が何であるかを知らず、彼女は箱を飾る絵を注意深く調べ、しばらくじっくり考えた後に次のように明言した。「この花は美しい、けれども香りがないのは残念です」。驚いて、父親はどうしてそんな結論に達したのかと彼女に尋ねた。彼女は「もし香りがあったなら、花々の近くに虫が描かれたであろうからです」と答えた。その種子を蒔いてみたところ、善徳女王の予言は実証されたのである。その後、彼女の即位によって反乱が起きたにもかかわらず、善徳女王は国の統一を見事に維持し、中国との関係を強化した。その治世の間に、彼女は瞻星台《せんせいだい》を建設させた。その塔は極東の最初の天文台と見なされている。

中世末とルネサンスの時代でも、女性科学者の数は増えるどころか、全く逆だった。ヨーロッパで盛んになり始めていた大学は、女性を排除していた。いくばくかの知識を獲得した女性はしばしば執拗に追い回されるか、あるいは魔女として殺害された。プロテスタントの国々では、修道院の閉鎖が女性教育の可能性をさらに減らしたのである。そういうわけで、可能な教育の道はただ一つしか残されていなかった。すなわち、家庭である。例えば、ポーランド女性のマリア・クーニッツ（1610〜1664）は、父親のおかげで教育を受けることができ、科学の道に進んだ彼女を夫もまた励ました。彼女はケプラーの著作を翻訳し、彼の天文表を改良したのである——彼女はしばしば「第二のヒュパティア」として紹介されるほどである。

同じくポーランド人のカテリーナ・エリザベータ・マルガレーテ・コープマン・ヘヴェリウス（1646〜1693）は、夫ヨハネス・ヘヴェリウスが助手を探していると聞いて、彼女自身が協力して敏腕をふるった。彼女は夫の死後も研究を続け、彼らが一緒に行った観測に基づく二つの星表を刊行した。そのうちの一つには1564個の星が登録されており、望遠鏡を用いずに制作された星表の中で最良のものと見なされている。

ドイツ人女性マリア・マルガレーテ・ヴィンケルマン・キルヒ（1670〜1720）は、両親の意向によって早くも結婚前に天文学の教育を受けていたが、夫である天文学者ゴットフリート・キルヒの仕事に加わった。彼女は、たった一人で、1702年の彗星を発見したが、その発見は夫の名のもとに公表された。夫の死後、彼女は様々な観測所で働き、次いでロシア皇帝の宮廷の天文学者になるという魅力的な提案がされたものの、それを断った。その頃までにベルリンの天文学者になっていた息子のクリストフリートを、娘のクリスティーヌとともに手伝う方を選んだのだった。

さて、ブラーエという名前を聞くと、誰でもあの著名な天文学者を思い起こすのではないだろうか。この有名な姓をもつ女性の天文学者が実はいるのである。ティコ・ブラーエはウラニボリ天文台を建造させたことと、ケプラーの指導者であることでよく知られている。ケプラーはティコの綿密な観測を受け継いだことで知られているが、それによってかの名高い「ケプラーの法則」を発見することができた。しかし、ブラーエの姓をもつ女性天文学者ソフィー・ブラーエ（1556または1559〜1643）の話題を耳にすることは滅多にない。名高い兄ティコの十数年後に生まれ、ソフィーはティコととても親しかった。かなり若い頃から彼女は兄の仕事を手伝っていた。例えば、1573年に、彼らは二人で月食を観測している。20歳で、この美しいデンマーク女性は、現在のスウェーデン南部の城主であるオッテ・トットという裕福な16歳年上の男性の妻になった。結婚の1年後、息子のターゲが生まれたが、その8年後ソフィーは未亡人になった。そこで彼女は「気晴らし」を探した。彼女は、まず造園術を学んだ。当時造園術は神秘主義の要素を含んだ学問分野で、庭園は難解なメッセージを伝えるものであり、世界および宇宙を表現するものであると見なされていた。彼女は園芸家としてティコと力を競った。1580年、ウラニボリにティコのために庭園を入念に造り上げ、数年後にもう一つ庭を造った。その庭がとても素晴らしかったので、ティコは自分の庭を造り直したほどである！　しかし、ソフィーの関心を引いたのは、庭園術だけではなかった。ティコは彼女に化学——とりわけ製薬技術も教えた。彼女はすぐに立派な薬剤師になった。彼女は自分の薬をその地域の裕福な市民に売ったが、貧しい人々には無料で配ったのである。

しかし、ソフィーはさらになお高みへ、星の彼方を目指した。ティコは彼女の幼い頃、星座を識別することを教えたが、彼女もまたティコの仕事を大いに助けた。彼女は天空の仕事を忘れられず、天文学に身を投じることに決めた。ティコは彼女にそのことを思いとどまらせようとしたが、ソフィーは聞き入れなかった。彼女はラテン語やドイツ語で著された優れた書物を読み、天文学につ

図 1-2　ソフィー・ブラーエ。
ティコ・ブラーエの忠実な協力者。

いての知識を身に付けた。彼女がこの分野でも優れているのを見て、ティコはついに宇宙について彼女の理解をさらに深める手助けをすることになった。天文学を理解できる者は少ないのだが、ティコは自分の妹を仕事上の真の同僚と見なすまでに至った。ともに、彼らは観察記録に基づいて惑星の位置の目録を作成した。

ティコのものと見なされている多くの成果は、実際には共同作業による成果である。ある人は、「(ブラーエという)デンマークの星は、実際には(ティコとソフィーの)二重星なのである」と言った。ティコはあまりにも妹を高く評価していたので、自身の著作の一つにソフィーの手紙のうちの一通を――ソフィーの紹介と、この異例である女性による著作を挿入したことの理由を説明した序文に続けて――加えたいと望んだ。しかし、彼は刊行前に亡くなってしまった。その後、ソフィーの著作のすべての痕跡は失われてしまった。ウラニボリで、ソフィーはエーリク・ランゲという、錬金術に関心をもつ裕福で教養のある男性と出会った。彼らは1590年に婚約したが、エーリクは錬金術の夢想を追い求めるあまりデンマークを去ってしまった。彼女はエーリクを11年待ち、それから破産して債権者に追われる彼にハンブルクで再会した。彼女はエーリクの債務を、彼女が所有するデンマークの地所のいくつかを抵当に入れて返済した。1602年の二人の結婚後もエーリクは散財し続けた。1613年にエーリクが亡くなった後、ソフィーの関心は歴史と地理に向けられた。彼女はまた、貧しい人々を援助し、系譜学の専門家になった。

◉ほのかな光明

時代とともに少しずつ女性教育の水準は向上するが、その多くの場合は父親や兄弟の好意のおかげだった。そして女性の社会進出の困難はいつまでも残っていた。例えば、フランスで科学サロンを設立してリードした最初の女性であるラ・サブリエール夫人（1636〜1693）を評して、詩人ニコラ・ボワロー＝デプレオーは、アストロラーベを使って木星を追いかけたために視力と顔色を損なったと冷やかした。しかし、啓蒙思想がヨーロッパに広がると、状況は変わり始めた。裕福な女性たちはサロンを設立し、時折そこで科学について議論されるようになった。「ご婦人方」は知へのおおいなる欲求を示したのである。劇作家ベルナール・フォントネルは『世界の複数性についての対話』（1686）の中で、ある夫人に天文学について語りかけていたのである。

感謝されることは滅多にないにしても、最も重要な協力者になった女性たちもいた。例えば、有名なジョゼフ＝ジェローム・ド・ラランド（訳注3）は、難しい天文学の計算を成し遂げるためにニコル＝レイヌ・ルポート（1723〜1788）（第3章参照）や彼の甥の妻の才能を利用した。シャトレ侯爵夫人ガブリエル＝エミリー・ド・ブルトゥイユ（1706〜1749）は、フランスの哲学者ヴォルテール（訳注4）の愛人だったが、数学者アレクシス・クレローとともにニュートン物理学を学び、このニュートンの『プリンキピア』をフランス語に翻訳した。その訳書は今日もなお権

（訳注3）フランス人天文学者でコレージュ・ド・フランス天文学教授。惑星運動論や彗星の軌道計算で有名。

（訳注4）フランスの哲学者、文学者、歴史家であり、啓蒙主義を代表する人物とされる。また百科全書派の学者の一人として活躍した。

威がある。

同じく、献身的に仕事をするキャロライン・ハーシェル（第2章参照）、さらには聡明なメアリー・フェアファックス・グレッグ・サマーヴィルのことも思い出される。

メアリーはスコットランドの海軍中将の娘で、10歳までほとんど文字を書くことができないままだった——彼女の母親は読むことを教えるのは良いが、書くことを教えるのは良くないと信じていたのである！　メアリーは1年間学校に通ったが、簡単な基礎しか身につかなかった。しかし、彼女はある日、モード雑誌の中で代数に関する記事に出会った。読み進めていくにつれ、彼女は科学と数学に強い興味をもった。偶然、絵画の教師が誰かに遠近法とギリシアの科学者ユークリッドについて話すのを耳にして、彼女はその著作を読める

図1-3　メアリー・サマーヴィル（トーマス・フィリップス1834年作の描画。スコットランド国立美術館所蔵）。

ようになりたくて密かにラテン語を学んだ。彼女は父親の図書室の航海術の著作をむさぼるように読みながら、勉強を続けた。図書室で球面三角法と天文学の著作も見つけ出した。しかし、ある程度好意的な伯父一人を除いて、家族はメアリーの振る舞いに驚き、心配した。父親は「そんなことは止めさせなければならない、さもないと彼女は一生精神科病院にいることになってしまう」と断言した。彼女は蝋燭《ろうそく》の光で夜遅く読み書きしたので、蝋燭を取り上げられたが、そんなことは無駄なことだった。というのも、メアリーは頭の中で問題を解き始めたからである。1804年、従兄のサミュエル・グレイグと結婚させることにして、家族は彼女の変わったキャリアに終止符を打たせようとした。サミュエルは、女性教育を嫌悪するロシア海軍の艦長だった。メアリーは賢明だったので、夫が不在のときにしか書物を開かなかった。しかし、1807年にサミュエルが、メアリーに十分な相続財産を残してすぐに亡くなるという「幸運」をもたらしてくれた。経済的に自立してからは、彼女は自分の好きなこと、すなわち研究に没頭することができた。5年たつと、彼女は別の従兄で医師のウィリアム・サマーヴィルと結婚した。ウィリアムはメアリーの聡明さを認め、身内の意見に逆らって、彼女に研究を続けるように励ました。1816年に夫妻はロンドンに転居し、すぐに学識ある人々との付き合いを始め、やがて寵児のように扱われるようになった。彼らは特にフランスの数学者ピエール＝シモン・ラプラスと頻繁に文通していた。1827年に、ウィリアムはラプラスの『天体力学』をメアリーに英訳させるように依頼を受けた。メアリーは難解な『天体力学』を理解できる一握りの人物であると認められたのである。実際には、メアリーはこの著作を単純に翻訳する以上のことを行うことになる。彼女はすべての計算を確認し、図表——ラプラスは一つとして著作に入れようとはしなかった——を付け加え、すべての結論を明確に説明したのである。この仕事を成功させるために、彼女は4年間厳しい作業を行うことになってしまった。しかし4年の間、彼女はウィリアムの助けを常に得ることができた。ウィリアムは、草稿を清書し校正刷りを再読して助けてくれたのである。彼女が執筆した序文は天体力学入門として素晴らしいものであったので、彼女はそれを別の著作に発展させた。二つの著作は大成功を収めた。海王星発見者の一人であるジョン・クーチ・アダムズは、8番目の惑星を探すという着想を、メアリーの著作から得たと述べて称賛した。その著作は、天王星の軌道の攪乱《じょうらん》を分析し、存在するかもしれない未知の惑星の影響をそこに検知することを提示していたのである。メアリーは晩年、地球物理学の研究に没頭するとともに、初期の「女性の権利のための闘争」に参加しつつその生涯を終えた。

　東洋に目を向けてみよう。中国で著名な女性科学者は王貞《おうてい》儀《ぎ》（1768～1797）である。裕福な家庭（祖父は知事で父親は医師）の出で、彼女は優れた教育に恵まれ、大層豊富な祖父の蔵書をむさぼるように読んだ。天文学に魅了されて、18歳頃に彼女は天文学に身を捧げる決意をした。彼女は、春分点歳差（訳注5）や食についてのいくつかの私論を執筆したが、同様に、数学や天文学についての解説書も著した。そのうえ、彼女は大人気の詩人でもあり、男女平等の熱心な信奉者で

（訳注5）地球が太陽の周りを公転する動きを地球から見ると、太陽が1年間かけて天空を移動するように見える。この太陽が移動する軌道を黄道という。春分の日の太陽の黄道上の位置を春分点という。一方、地球の自転軸の向きは、太陽や月から受ける引力の影響で約2万5800年の周期で「みそすり運動」のように変化する。このため春分点が年々黄道上を西に移動していく。これを春分点歳差と呼ぶ。

もあった。死期が近づいたことを感じて、彼女はある友人に著作を託した。友人は当時有名な知識人だった自分の甥の銭儀吉《せんぎきつ》にそれらを譲った。彼は王貞儀の才能に気づいて、彼女の最後の著作群を出版することになったのである。

◉ロマン主義時代の進展

これまでに紹介した女性たちの輝かしい活躍は例外的なことであり、女性の大多数は科学の世界から締め出されたままだった。19世紀においても、女性たちは公式には相変わらず一人の男性に従属しており、父親の後見から夫あるいは兄弟へと庇護を受ける相手が移っていくだけであり、独立してはいなかった。これら庇護する側の男性が、女性教育を好意的な目で見ることはほとんどなかった。社会の圧力は、女性を、自ら教育を受けることではなく結婚することへと駆り立てたのである。科学的とされている研究は、教育が女性の発達を損なうことを証明しようとさえした。例えばハーバード・メディカル・スクールのエドワード・クラーク博士は、女性の知的発達が生殖器官を犠牲にして行われることを「証明した」。抽象的論理による精神的圧迫は、女性のひ弱な体質に悪影響を及ぼしかねないと明言した人々もいた。そして、たとえ女性が、これらの障害を乗り越えて知識・技能を獲得したとしても、彼女たちは職に就くことはできなかったのである。家族を養うという役割は男性が担うものであり、女性はお金を稼ぐ必要はなかったのである。そのうえ、女性への高等教育は両性の間に不健全な競争をもたらすかもしれない。「だから女性と天体観測のことについて話すのはやめよう！」こうして良家の人々は長い間、女性が天文台で、夜一人で過ごすことは道徳に反するし、いずれにせよ女性には必要とされる能力は当然ない、と考え続けたのである。第二次世界大戦中のマーガレット・バービッジの場合のように（第5章参照）、女性は多くの場合、人員が不足しているときしか天文台に職を得ることはできなかったのである。男性天文学者が女性と一緒に夜間観測するとき、男性の妻がそれを嫌がるかもしれないというもっともらしい口実のもとに、20世紀でもなお、女性は時折天文台への立ち入りを拒否された。それが職務の範囲だったのにもかかわらず、である！

これらの様々な障害にもかかわらず、状況は少しずつ改善されてきた。多くの大学教授（その中に著名なジェームズ・マクスウェル（訳注6）がいる）は女性に教えることをいまだ拒否するのだろうか？　彼らは教えてもかまわないとの考えをもっていた。アメリカでは、初めて女子大学が設立された。ヴァッサー大学やウェルズリー大学のようないくつかの大学では、天文学部が開設された。そこを卒業した女性は仕事を見つけなければならなかったが、明確な道筋があるわけではなかった。しかし、一部は女子校の教師や天文学の普及者になることができた。とはいえ、女性に割り当てられた、わずかばかりの本当の天文学の仕事は、当時の古い考えを残したままだった。例えば、女性

（訳注6）イギリスの理論物理学者で、古典電磁気学を完成させた。

はとりわけ、多くの忍耐が求められ、たいていは繰り返し行われる観測に適性があるという考えである。しかも、これらのステレオタイプな女性たちもいたのである。例えば、アメリカ人女性のマリア・ミッチェルは彗星の発見者（キャロライン・ハーシェルに次いで公式に彗星の発見に成功した二人目の女性）で、ヴァッサー大学の天文学の教授だが、「刺繍の繊細な模様の中で針を動かす目の力があれば、マイクロメーターの蜘蛛の糸に星を位置づけることもできるのです」とはっきり言った。専門家の女性もアマチュアの女性も、天文学の仕事においては男性のプロの指導を受けて天文学の本来の専門領域へと進んだ。そこでは女性「特有の」能力が高く評価されていた。すなわち、彗星、小惑星、変光星を丹念に探す仕事や太陽の黒点をスケッチする研究といった作業である。必要不可欠だが、とても面倒で誰もやりたがらない仕事が、女性にまさにふさわしいように思われた。例えば、メアリー・アデラ・ブラッグ（1858〜1944）は、月の表面模様の命名法が統一されていないので、それを整理するという、うんざりするような仕事を任されたのである。

天文台に雇われて、「コンピューター」になった女性たちもすこしばかり存在した。1世紀前のフランスの天文学者ニコル＝レイヌ・ルポートのように、計算を専門に行う職である。事実、技術的手段が進歩して数値データが押し寄せてくる時代となっていた。それらの観測記録を整理・較正・測定する仕事、つまりあらゆる一連の長くてうんざりする仕事を行うのである。薄給で従順に働き、論文の謝辞にも記されないという、全く奴隷といっても間違いではない立場であった（原注2）。男

（原注2）安い給与に不平を言う女性はほとんどいなかった。アメリカの天文学者クロエ・アンジェライン・スティックニー・ホール（1830〜1892）は例外と見なされている。アサフ・ホールの妻である彼女は、夫を大いに助け、夫が計画を放棄していた火星の衛星についての研究を行うように仕向けて成功させた。しかし二人の共同作業は、彼女が男性と同じ給与を要求したときに終わった。というのも、夫がそれを拒んだので、彼女はもう彼のために仕事はしないと決めたからである。

性にはより高尚な仕事が残されていた。天体望遠鏡を使ったデータの取得や、彼らの「助手」である女性たちによる観測記録から得られる結果についての議論する仕事である。これらの困難があったとしても、多くの女性はこうしたつまらない仕事を受け入れた。女性はさらに、結婚が決まるとすぐに退職しなければならなかったとしても、である。イギリスとアメリカでは、「コンピューター」の半数は5年以内に離職した。しかし、彼女たちの一見やり甲斐のない仕事は、宇宙物理学に重要な貢献をすることになるのである（第3章・第4章参照）。

こうして、19世紀末から20世紀初頭にかけて天文学分野に参入する女性たちの数は増えていった。イギリスだけでも、この分野で1901年から1930年までの間に、アマチュアと専門家を合わせて258名の女性が活動していたことが調査からわかっている。しかし、この女性の急激な増加に抵抗する科学サークルも存在した。イギリスの王立天文学会（RAS）が良い見本である。かつてひどい目に遭った経験から（原注3）、王立天文学会は男性しか会員にしなかったが、それでも1835年にキャロライン・ハーシェルとメアリー・サマーヴィルに、1857年にはアン・シープシャンクスに名誉会員の称号を与えた。（アン・シープシャンクスについては、褒賞を与えられたのは科学の仕事の成果ではなく、亡くなった兄弟の天文器具を協会に寄贈したためである）。しかし、王立天文学会は少しずつ開かれていった。1886年、エリザベス・ケントはフェロー、つまり協会の正会員に推薦された。王立協会の評議会が相談したうちの一人は、法律家でそのことに

（原注3）17世紀半ば、マーガレット・ルーカス・キャヴェンディッシュ（1623〜1673）は王立学会の中の会合の一つに出席するようにと頼まれた。内気だったので、彼女はあえて発言せず、じっと床を見つめたままだった。そのうえ、彼女のとても派手なドレスには引き裾がついていたが、あまりにも長いので持ち上げるのに6人の侍女が必要だった。この惨憺《さんたん》たる訪問の結果、女性の代表を招待するという考えについて再検討されるまでに2世紀以上待たされることになる。

全く異論はなかったが、もう一人は、王立協会の勅許状は女性の受け入れを想定していないと主張した。その結果、エリザベス・ケントの指名は却下されたのである。6年後、アニー・ラッセルとアリス・エヴェレットが新たに立候補した。今度は、評議会は投票を認めたが、女性候補者たちは4分の3の票を集めることができず正会員になれなかった。1914年12月、女性フェローの選出はもう一度なされた。評議会は慎重で、国王に女性の受け入れをはっきりと認めた勅許状の補遺を作成するように求め、それは実行に移された。そしてついに1916年、メアリー・ブラッグ、フィアメッタ・ウィルソン、エラ・チャーチ、グレース・クック、そしてマーガレット・メイヤーが王立天文学会の初の女性正会員になったのである。

◉最近の状況

女性が教育の機会を得て、活躍する場を手に入れるという挑戦は、とても遥かな長い歴史をもつものに見える。この状況が変化し始めたのはごく最近のことでしかなく（表1-1参照）、今日でもなお、十分な状況からは程遠い。

確かに、ヨーロッパの大学には数多くの女性が在学していて、平均54％（2017年）の割合である。しかし、その後、大学院に入り大学の常勤職就職と段階が進むにつれ減少し、キャリアの終

表1-1 画期的な出来事

1861年	ジュリー・ドービエがフランス女性として初めて大学受験資格を取得。
1893年	ドロテア・クルンプケが女性として初めて天文学関連の博士号を取得。土星の輪についての論文をもとにして、ソルボンヌ大学より授与。
1906年	マリー・キュリーが、ソルボンヌの最初の女性教授となる（担当は一般物理学）。
1911年	マリー・キュリーが、単独で女性として初めてノーベル化学賞を受賞（夫とアンリ・ベクレルの3人共同で1903年にもノーベル物理学賞を受賞）。
1912年	エドメ・シャンドンが、フランスでの最初の女性天文学者となる。
1920年	オックスフォード大学で女性に博士号を授与することが初めて認められる。1880年以降、課程をとることはできたが、その資格を認定するだけであった。ケンブリッジ大学が女性への学位授与を始めたのは1948年になってからのことである。
1938年	フランス女性が、夫の許可を得ずとも大学に入学できることになった。
1956年	セシリア・ペイン＝ガポシュキン（第3章）がハーバード大学で最初の女性教授となる。彼女は同時期、天文学部の部長でもあった。
1962年	マルグリット・ペレーがフランス科学アカデミー会員に女性として初めて選出。
1965年	ベラ・ルービン（第6章）がパロマー天文台での観測実施を女性として初めて許可される。
1972年	初めて女性がエコール・ポリテクニーク（フランスの高等教育機関）に入学が許可される。アンヌ・ショピネが入学生総代であった。
1975年	プリンストン大学で、女性が大学院第三期課程に進学可能となった。
1992年	クローディーヌ・エルマンがエコール・ポリテクニーク初の女性教授に就任。
1999年	カトリーヌ・セザルスキーが、女性初のヨーロッパ南天天文台台長に就任。
2006年	カトリーヌ・セザルスキーが、女性初の国際天文学連合会長に就任。

わりには約20％のみになる。重要なのはすべての分野が混ざった数字であることで、（応用もしくは基礎）科学だけに絞って検討すると、当然状況はさらに悪い。この点をさらに見ると、天文学は物理学や工学分野よりは進んでいるとはいえ、生物学と比べれば良くない。

２０２１年にＩＡＵ（国際天文学連合）加盟国の１万２２００名の会員（すべてプロの天文学者）を見ると、女性は22％である。女性会員が20％以上になる国（原注4）は、マレーシア（61％）、スロベニア（45％）、ベネズエラ（43％）、アルゼンチン（41％）、ベトナム（40％）、ブルガリアとルーマニア（38％）、セルビア（36％）、タイ（34％）、トルコ（33％）、ウクライナ（32％）、イタリア、クロアチアとアイルランド（30％）、フランス（26％）、南アフリカとインドネシア（25％）である。女性が10％以下の下位集団は、日本（9％）、スロバキア（8％）、モロッコ（6％）、バチカン（0％）（原注5）である。ＩＡＵに最多の会員を送り出している三つの国はアメリカ（会員の21％）、フランスそして日本（会員の6％）である。これら主要代表国の中で、女性の比率はそれぞれ19％、26％、9％である。なお、アマチュアを除いたプロの天文学者のうち女性の割合は、ドイツ18％、ベルギー22％、スペイン22％、イタリア30％、イギリス17％、スイス18％であるから、フランス（26％）は近隣諸国と比べてもそれほどひどくはないだろう。素晴らしいことに、フランスは責任ある役職に就いている女性天文学者が数多くおり、しかも国際天文学連合の最初の女性会長は、フランス人のカトリーヌ・セザルスキーで、彼女はＥＳＯ（ヨーロッパ南天天文台）の最初の女性台長でもあっ

（原注4）会員数が10名以下の国については、もともとの会員数が少ないために統計上の影響があるかもしれない——少し数字が変わると、割合がすっかり変わってしまうのである！ 例えばホンジュラスは女性の割合が66％であるが、会員数は3名である！ ペルーとガーナ（50％だが、2名の天文学者のうち1名が女性）、モンゴル（33％だが、3名の天文学者のうち1名が女性）、そしてベトナム（33％、すなわち3名の天文学者のうち1名が女性）でも事情は同じである。

た。セザルスキーは1999年から2007年までESO台長で、2006年から2009年までIAU会長だった。管理職に女性の進出が始まった時期は、ごく最近のことなのである！

残念なことに、現在でも状況はさほど改善されていない。フランスでも他の国でも、女性の天文学者の割合は減少している。問題をよく理解するためには、一般的に博士号は26〜28歳ごろに取得されるものだということや、学んだ大学院からできる限り離れた場所で研究をするという不安定なポスドク期間が後に続くことを知っておかねばならない。こういう次第で、天文学者を含む科学者は、通例の就職年齢をかなり過ぎてからしか定職を得ることが期待できないのである。そして多くの場合、女性は家庭とキャリアの間で引き裂かれて選択を迫られる。冒険を続ける決心をする女性は少ない。アメリカでは、理系の大学院生の半分は女性だが、女性教授は3人に1人だけである。他の国においては、状況はさらに芳しくない。例えばフランスと日本では、女性の大学教員は4人に1人である。

この点については、社会風習はとても大きな影響力をもっている。ドイツでは、子どもが3歳未満であれば家庭に留まることが女性にとって良識的なことであり、保育所の（計画的な）不足はそのことを反映している。その結果、多くの女性が科学者のキャリアを放棄してしまう。研究人生の長い中断に耐えられなかった女性研究者には、子どもがいないことが多い（理系分野の大学教授になったドイツ人女性の半数にはまだ子どもがいない）。イタリアでは、多くの場合、子育ては祖母

（原注5）繰り返しになるが、会員が10名以下の国についてである。実際、会員の中に誰一人女性がいない国があるが、総数は限られている。アゼルバイジャン、北朝鮮、コスタリカ、キューバ、キプロス、エチオピア、アイスランド、ヨルダン、レバノン、モザンビーク、サウジアラビア、シリア、ウズベキスタンなどである。

に援助を受けている。それゆえに多くの女性が大学に職を得ているのである。アルゼンチンでは、家庭の使用人にはほとんどお金がかからず、学位をもたない者と学位取得者の間の給与格差はとても大きい。したがって女性科学者にとって、庭師、家政婦、乳母などをもつのは当たり前（そして容易）である。北方の先進国では、外国に滞在するときは、女性の場合はまだ稀であるが、男性は妻子を連れて移住するのが「当たり前」である。妻たる女性研究者がその研究人生を突然絶たれるということが起こるのである。

もちろん学界でも女性研究者のことを憂慮する人々がいて、この状況が過渡的なものに過ぎないことを期待している。しかし、折を見て出てくる決まり文句を観察してみると、往々にしてそのことを疑ってしまいかねない。例えば、２００５年（！）、ハーバード大学の総長で経済学者のローレンス・サマーズは、講演の際に、自然科学の研究者に女性が少ないのは「本来備わった男女の差異」が原因であると発言し、女性の遺伝的、生得的な体質の違いをほのめかしたのである。それらの分野で、女子は男子と同等か、多くの場合はもっと良い点をテストで取っているにもかかわらず、である！

そのうえ、私たちの周りを見回しても、状況が過渡的なものかどうかは疑わしい。経済危機の有害な影響を除いても、理系の学問分野における女性は少数派のままであると指摘しなければならない。メディアが専門家へのインタヴューや映画・連続テレビ番組の中で女性科学者を映すことは滅多にない。例外を除いて、博物館が女性科学者を前面に出すことは稀であるし、女性の進行役は滅多に使わない。親たち――特に母親――は、理数系の授業について娘をそれほど「応援」しない傾向にある。女子が文系分野への転身を勧められるのに対して、男子は出来が悪くとも理系で頑張るようにと励まされるだろう。さらに、教授も差別をする。奇妙なことに、男性教師の差別がずっと少ないのに対して、女性教師が女子よりも男子を応援することが研究で指摘されている。おもちゃ業界についても、女の子向けにはショッキングピンクのおもちゃを売り出すだけで、これはとても理系知育に向いているとは思えない。

しかし、前・研究イノベーション・科学担当欧州委員のモイラ・ゲーガン＝クインは、さらに、「人数の問題だけでなく、活用されていない潜在能力も問題にされていない」事実を強調する。実際、女性研究者を養成しておきながら雇用をしないこと、あるいは有能な女性を活用しないことは教育あるいは人的頭脳パワーの浪費である。

7231　ポルコ（Porco）
7295　ブロゾヴィッチ（Brozovic）
7333　ベック・ボルゼンバーガー（Bec-Borsenberger）
7550　ウーラム（Woolum）
7718　デヌー（Desnoux）
7720　ルポート（Lepaute）
※ニコル＝レイヌ・ルポート（第３章参照）。
7721　アンドリラ（Andrillat）
7722　フィルナイス（Firneis）
7723　ラガー（Lugger）
7727　チェプロワ（Chepurova）
7817　ジビ・タートル（Zibiturtle）
8078　キャロル・ジョーダン（Carolejordan）
8356　ワドワ（Wadhwa）
8448　ベリヤキナ（Belyakina）
8545　マギー（McGee）
8558　ハック（Hack）
8632　エグルストン（Egleston）
8881　プリアルニク（Prialnik）
9109　ユウコ・モチヅキ（Yukomotizuki）
※望月優子。日本の宇宙物理学者。宇宙における元素合成、南極の氷床コア分析の専門家。
9566　ルイフロワ（Rykhlova）
9815　マリア・キルヒ（Mariakirch）
9816　フォン・マット（von Matt）
9821　ギタ・クレサーコヴァー（Gitakresakova）
9822　ハイドゥコヴァー（Hajdukova）
9823　アンナタロヴァー（Annantalova）
9824　メアリー・リー（Marylea）
9825　エトケン（Oetken）
9826　エーレンフロイント（Ehrenfreund）
9904　マウラ・トンベッリ（Mauratombelli）
10025　ラウアー（Rauer）
10043　ジェーン・ガン（Janegann）
10971　ファン・ディスフーク（van Dishoeck）
11695　マッテイ（Mattei）
11895　デアン（Dehant）
12112　スプレイグ（Sprague）
12624　マリア・クニティア（Mariacunitia）
12625　コープマン（Koopman）
12627　メアリー・エドワーズ（Maryedwards）
12859　マーラ・ムーア（Marlamoore）
13248　フォルナシエル（Fornasier）
13326　フェッリ（Ferri）
14825　フィーバー・バイヤー（Fieber-Beyer）
15632　マギー・ザウアー（Magee-Sauer）
16452　ゴールドフィンガー（Goldfinger）
17899　マリア・クリスティーナ（Mariacristina）
18101　クーステニス（Coustenis）
18114　ローゼンブッシュ（Rosenbush）
18581　バトロー（Batlo）
19173　ヴァージニア・テレーズ（Virginiaterese）
20673　ジャネル（Janelle）
20731　モーテジニス（Mothediniz）
20897　デボラ・ドミング（Deborahdomingue）
21497　アリス・ハイン（Alicehine）
22338　ジェーン・モジョ（Janemojo）
25275　ジョスリン・ベル（Jocelynbell）
※スーザン・ジョスリン・ベル・バーネル（第７章参照）。
26340　エバ・マルコヴァー（Evamarkova）
27120　イサベル・ホーキンス（Isabelhawkins）
28513　グォ（Guo, 郭）
29292　コニー・ウォーカー（Conniewalker）
48628　ジャネット・フェンダー（Janetfender）
48774　アン・ガウアー（Anngower）
49109　アグネス・ラーブ（Agnesraab）
55108　ベア・ミュラー（Beamueller）
55561　メイデンバーグ（Madenberg）
74824　ターター（Tarter）
78252　プリショ（Priscio）
81971　テュロン・クラベール（Turonclavere）
82926　ジャッケイ（Jacquey）
90502　ブラッティ（Buratti）
92297　モンラード（Monrad）
107638　ウェンディー・フリードマン（Wendyfreedman）
108382　カレン・シルヴィッツ（Karencilevitz）
135561　タウトバイシエネ（Tautvaisiene）
143048　マーガレット・ペンストン（Margaretpenston）
144907　ホワイトホーン（Whitehorne）
146268　ジェニー・ポラキス（Jennipolakis）
154932　スビデルスキエネ（Sviderskiene）
191582　キカ・ドルフィ（Kikadolfi）
191857　イレス・エルジェーベト（Illeserzsebet）
222403　ベス・クリスティー（Bethchristie）
234750　エイミー・メインザー（Amymainzer）
264077　ドルジュニェフスカヤ（Dluzhnevskaya）

女性の名前が付けられた天体

月の地形や太陽系の小天体には天文学者の名前が付けられている。もちろん女性も含まれている。月のクレーターには、ボク、ブルース、キャノン、C. ハーシェル、クラーク、フレミング、ヒュパティア、ジェンキンス、リービット、ルポート、ミッチェル、プロクター、シープシャンク、そしてサマーヴィルと名付けられたものがある。小惑星には本当の多くの女性名が顕彰されている。その一部を挙げると次のようになる。

---

38 ヒュパティア(Hypatia)
※第1章参照。
281 ルクレティア(Lucretia)
※キャロライン・ルクレティア・ハーシェル(第2章参照)。
323 ブルーシア(Brucia)
339 ドロテア(Dorothea)
898 ヒルデガルト(Hildegard)
1040 クルンプケア(Klumpkea)
※ドロテア・クルンプケ(第1章 表1-1参照)。
1120 キャノニア(Cannonia)
※アニー・ジャンプ・キャノン(第3章参照)。
1190 ペラギア(Pelagia)
1455 ミッチェラ(Mitchella)
1529 オテルマ(Oterma)
1600 ヴィソツキー(Vyssotsky)
1657 レーメラ(Roemera)
2006 ポロンスカヤ(Polonskaya)
2039 ペイン=ガポシュキン(Payne-Gaposchkin)
※セシリア・ペイン=ガポシュキン(第3章参照)。
2168 スウォープ(Swope)
2325 チェルヌイフ(Chernykh)
2572 アンシュネル(Annschnell)
2917 ソーヤー・ホッグ(Sawyer Hogg)
2942 コーディ(Cordie)
2994 フリン(Flynn)
3066 マクファデン(McFadden)
3087 ベアトリス・ティンズリー(Beatrice Tinsley)
3267 グロ(Glo)
3269 ヴィバート・ダグラス(Vibert-Douglas)
3385 ブロニーナ(Bronnina)
3416 ドリット(Dorrit)
3434 ハーレス(Hurless)
3530 ハンメル(Hammel)
3602 ラザロ(Lazzaro)
3742 サンシャイン(Sunshine)
3907 キルマーチン(Kilmartin)
3922 ヘザー(Heather)
3962 バリャエフ(Valyaev)
4446 キャロライン(Carolyn)
※キャロライン・シューメーカー(第2章参照)。
4569 バーベル(Baerbel)
4598 コラディーニ(Coradini)
4683 ベラ・タール(Veratar)
4731 モニカ・グレイディー(Monicagrady)
4914 パルディーナ(Pardina)
5134 イー・ビルソン(Ebilson)
5239 レイキ(Reiki)
※串田麗樹。日本のアマチュア天文家。多数の超新星を発見。
5289 ニエメラ(Niemela)
5383 リービット(Leavitt)
※ヘンリエッタ・スワン・リービット(第4章参照)。
5430 ルー(Luu)
5443 アンクルナス(Encrenaz)
5490 バービッジ(Burbidge)
※マーガレット・バービッジ(第5章参照)。
5726 ルービン(Rubin)
※ベラ・ルービン(第6章参照)。
5757 ティハー(Ticha)
5771 サマーヴィル(Somerville)
※メアリー・サマーヴィル(第1章参照)。
5793 ラングレー(Ringuelet)
5914 キャシー・ウェーラー(Kathywhaler)
5951 アリス・モネ(Alicemonet)
6493 キャシー・ベネット(Cathybennett)
6512 ド・ベルク(Debergh)
6762 シレナ・グッドリッチ(Cyrenagoodrich)

本書では割愛した女性天文学者

アグネス・マリー・クラーク (1842～1907) マルゲリータ・ハック (1922～2013)	それぞれアイルランドとイタリアでの天文学普及に貢献したことで著名。
ヘレン・バトルス・ソーヤー・ホッグ (1905～1993)	変光星の専門家でカナダ天文学会の創設者。
パリス・ピスミス (1911～1999)	トルコ - アルメニア系の星団星雲専門家で、近代メキシコ天文学の基礎を構築。
ビルピ・シニッカ・ニーメラ (1936～2006)	フィンランド - アルゼンチン系で二重星と高温度星の専門家。
ベアトリス・ヒル=ティンズレー (1941～1981)	ニュージーランド人で、銀河進化理論の近代化の先駆者。惜しくも早世。
ジル・コーネル・ターター (1944～)	SETI(地球外生命探査計画)のアメリカ人専門家。小説『コンタクト』の主役のモデルとされている。
ベアトリズ・バービュイ (1950～)	恒星スペクトルのブラジル人専門家。多くの役職を歴任。
エーウィン・ヴァン・ディシェック (1955～)	星間分子のオランダ人専門家。ＩＡＵ会長(2018～2021年)。

フランスでは次の女性たちがいる。

アニー・バグラン (1938～)	恒星脈動の専門家。ベルギーのアーレット・ノエルスやコニー・エールツとともに、コロー衛星による太陽系外惑星探査ミッションの責任者。
テレーズ・アンクルナ (1946～)	惑星と彗星の大気の専門家。
フランソワズ・コーム (1952～)	銀河の専門家。

第2章

彗星

二人のキャロラインの献身

昔、女性が科学の面白さを知ったのは、多くの場合、家庭という環境の中でであった。娘、妻、母あるいは姉妹として、彼女たちが知を極めようとした男性を手助けしたのがきっかけであった。真摯な手助けによって、それを至高の献身にまで高めた二人の女性がいた。たまたまではあるが、二人ともキャロラインという名だった。もう一つの別の点で、彼女たちは似た点がある。二人とも、彗星という、いつの時代も人類を魅了した光芒《こうぼう》を放つ天体に興味を抱いたのである。

●キャロライン・ルクレティア・ハーシェル

キャロライン・ハーシェルは、1750年3月16日にドイツのハノーファーで生まれた。彼女はイザーク・ハーシェルとアンナ・イルゼ・モリッツェンの8番目の子どもである。夫妻には、10人の子どもがいた。彼女の両親は、互いに考え方が異なる夫婦だった。イザークは、初め庭師だったが、一大決心をしてプロイセン軍楽隊の有能な音楽家になった。それに対してアンナは読み書きができず、あらゆる教育を危険なものと見なしていた（原注1）。しかし、この不似合いな二人に選択肢はなかった。というのも、美人のアンナは妊娠しており、誠実なイザークには彼女と結婚する義務があったからである。彼らの子どものうち4人は幼くして亡くなった。生き延びた6人は、14歳まで駐屯地の学校に通った。この学校では、基礎教育しか提供されていなかった――女子は読

（原注1）生涯の終わりに、彼女は次のような言葉を残している。「もし教育を受けていなければ、わたしの世話をするために息子たちはハノーファーに残っていたはずなのに」と。

み書きと宗教的義務を学び、男子はもっと多くの課題、とりわけ数学に取り組んだが、500人の生徒につき一人しか教師がいなかったのである！イザークは子どもたちに音楽や哲学などを教えて、初歩的な学校教育の不足を補おうと努めた。

アンナはイザークが4人の息子たちに教育を施すときにはあえて異を唱えなかったが、彼が二人の娘の勉強を見ることはきっぱりと拒んだのである！　長女は性格（そして知性）が母親に似ていたので気を悪くしたりはしなかったが、母親のこの態度はキャロラインにとっては辛いものだった。彼女は肌着を繕ったり靴下を編んだりしながら、男兄弟へ父が話す教育内容に注意深く耳を傾けていた。娘の知への渇望に気づいて、イザークはこっそりと彼女にヴァイオリンを教えるとともに、星座を識別することも教えた。イザークは天文学に

図2-1　キャロライン・ハーシェル。

魅せられていたので、彗星が通過するときや日食のような天文イベントがあると、家族全員を引き連れて観望するのが常だった。

それでも、運命はキャロラインに容赦なく襲いかかった。4歳のとき彼女は天然痘の猛威の犠牲になった。天然痘によって彼女の容貌は醜くなり、左目がひどく傷ついた。さらに10歳のときチフスに罹《かか》り、それによって彼女の成長は止まった。美人でも裕福でもなかったので、彼女に夫が見つかる可能性はなかった。彼女には選択肢がほとんど残されていなかった。女中になるか（しかし彼女はこの隷属的な仕事に身を落とすにはあまりにもプライドが高かった）、あるいは住み込みの家庭教師になるか――そのためにはフランス語を知っている必要があったが、母親のアンナは娘が必要な授業を受けることをきっぱりと拒否したのであった。キャロラインは裁縫を学び、既製服作りの仕事を始め、かなり成功したのだが、アンナはすぐにやめさせてしまった。したがって、彼女が担うべき役割は一つしか残されていなかった。すなわち、暴君の母親の意のままになる家事手伝いの役割である。イザークが仕事上、定期的に家を離れることがあり、それは簡単に母親の思い通りの形になった。父親は歩兵連隊の楽団のオーボエ奏者として、戦いはしないものの、部隊とともに移動しなければならなかった。当時七年戦争の最中であり、部隊は頻繁に移動した。同じ楽団の団員だった兄たちも父親に同行した。したがって、キャロラインは教養のない母親と二人きりで過ごすことになったのである。1757年、フランス人がハノーファーを占領した。それは、兄のウィリアムが国を脱走してイギリス行きを選ぶ契機になった。この頃、キャロラインはより知的な仕事に没頭することができた。つまり、手紙を書いたのである。実際、彼女は読み書きのできない自分の母親や地区の女性たちのために、戦地に旅立った男性たちに宛てて手紙を代筆していたのである。

戦争が少し収まって、ついにイザークは家に帰ってきたが、健康状態はひどいものだった。それにもかかわらず、彼は娘のレッスンを再開した。しかし、健康状態が悪化して1767年に早世してしまった。キャロラインは、今や愛しい父親を亡くし、お気に入りの二人の兄（兄アレクサンダーはイギリスでウィリアムに合流していた）も失って、母親、弟のディートリッヒ、そして長兄のヤーコプと家に残ったのである。ヤーコプは母親とひっきりなしに言い争った。激しい気性の二人の間に立たされて、キャロラインは哀れな立場であった。その上、言い争う二人とも、キャロラインを見る目は一緒であった。すなわち、女中の役割である。彼女は自分が「一家のシンデレラになる」刑を宣告されたのだと悟った。しかし、あるときハノーファーの実家を訪れたアレクサンダーは、妹がひどい境遇にいることと、彼女には敬意を払われる資格があるのにそうしてもらえていないことに気づいた。彼が自分が見たことをウィリアムに伝えたところ、ウィリアムは妹を救うことを決心した。1771年から1772年にかけての冬の間に、彼はキャロラインを自分のもとに来させるように頼むべく、母親と兄に手紙を書いた。音沙汰がなかったので、1772年8月、彼は自分で妹を連れ出しに来た。ヤーコプは不在で、母親はさんざん嘆いた後でキャロラインを出発させることに同意した。娘が出て行く埋め合わせとして、女中一人を雇えるだけの年賦金を受け取ることと引き換えではあったが。

ウィリアムはイギリスでの出だしで苦労したものの、１７６６年、バースのオクタゴン・チャペルのオルガン奏者になった。バースは貴族が鉱泉を飲みに来る豪華な保養地だった。彼はさらに個人レッスンや数多くの演奏会も行っていた。アレクサンダーも同様に、バースの音楽活動に参加しており、兄弟二人はキャロラインを有名な歌手にしたいと願った。というのも、イザークをはじめとして、ハーシェル一家はほぼ全員音楽に天賦の才を示していたからである。

イギリスに戻ると、ウィリアムはキャロラインに休みを一日与え、次いで朝7時の朝食前にレッスンを開始した。7時は朝寝坊のキャロラインにとって、とても早い時間だったのである！　彼女の教育は、チェンバロの習得から始まった。それによって、彼女は一人で声楽の稽古ができるようになるはずだった。ウィリアムは教育にいくばくかの数学の基礎を付け加えた。というのも、キャロラインには音楽だけが期待されていたわけではなかったからである。つまり、彼女は、兄の家計を預かり、家事をこなすことも期待されていたのであった。確かに、彼女の立場は改善された（掃除をするのは女中だった）。しかし、根本的には何も変わらなかった。なぜなら、彼女はアンナとヤーコプの後見下から、ウィリアムの後見下に移っただけだったのだから。

実際に、キャロラインにとってもっとも辛い時期がやって来たのである。ウィリアムは天文学という新しい道楽を見つけ、この学問に心酔するあまり、その習得に躍起になっていた。彼は手に入れられる天文学に関するあらゆる書物を読み、当時「真面目な」天文学者は皆、太陽系にしか関心を抱いていないことも知らずに、宇宙の全体構造を明確にしようと決心した。この探究は、遠く離れた微かに光る天体の観察を前提としており、大望遠鏡を使う必要があった。ウィリアムにはどこからも大望遠鏡を提供してもらう手立てがなかったので、自分で製作することに決めた。彼はバースのある古参のアマチュア天文家と連絡を取って機材を買い取り、金属鏡を鋳造して磨き始めたが、それは危険な作業だった。溶けた高温の金属で危うく命を落としそうになったこともあった。この興味をそそる余暇以外では、ウィリアムは生計費を得るために、音楽の仕事を滞りなく行わなければならなかった。彼の音楽家としての評判は非常に良かったので、あちこち呼ばれて、妹のために割ける時間はほとんどなかった。

そんな境遇でも、キャロラインは見事な発声法を身につけて声楽家になることができた。1777年、彼女は初めて演奏会を開き、1年後にはヘンデル『メサイア』の首席歌手を務めた。素晴らしい活躍であったため、彼女はバーミンガムで歌うことを提案された。バーミンガムに行けば、彼女の素晴らしいキャリアが始まり、経済的自立を獲得することができたかもしれない。しかし、彼女はきっぱりと断った。ウィリアム以外の男性の指揮の下で歌うなど論外だったのである。この断固とした辞退は、彼女の音楽キャリアの終わりの始まりだった。そのような申し出はもう二度と来なかった。彼女は時折演奏会に出演したが、もはや首席歌手ではなかった。彼女は兄のコンサートのために合唱隊に稽古をつけたり、楽譜を書き写したりして音楽の仕事を続けていた。ソプラノ独唱歌手としての物腰を台無しにしないように、いつも美しい立ち居振る舞いには注意を払っていた。ところが、音楽は彼女の指の間からするりと逃げ、次第にウィリアムの新たな道楽、つまり天体と天体観測のための仕事が取って代わった。例えば、彼女は兄が鏡の研磨を途中で止めたくないと言ったときには、小さなスプーンで食事を与えなければならなかった。別のある日には、彼は精巧に研磨するために16時間連続で作業を行った。そして、キャロライン自身がとても器用に鏡を磨くことがわかったので、ウィリアムはすぐに彼女を見習いとして使った。兄に命じられて、彼女は

図 2-2　ウィリアム・ハーシェルの望遠鏡。

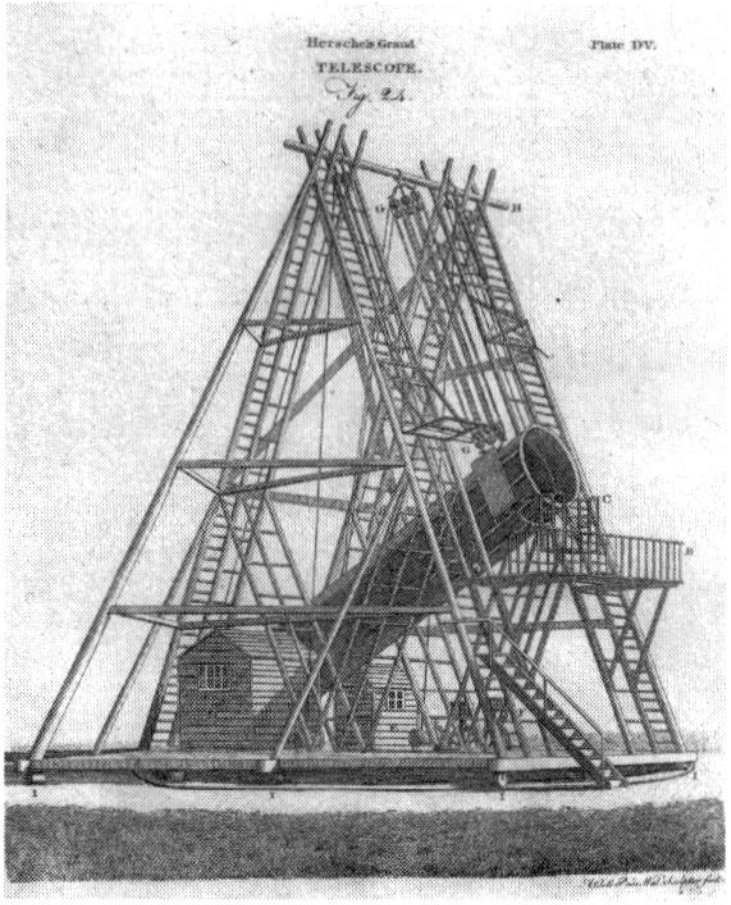

厚紙で望遠鏡の筒も製作した。

ウィリアムの科学界における名声は少しずつ高まった。彼の望遠鏡は素晴らしい品質で、彼はいくつも二重星を発見した。1781年3月、彼は動きの大きい天体、したがって恒星よりももっと我々に近い天体に気づいた。彼は最初それを彗星だと考えたが、すぐに惑星であることが明らかになった。望遠鏡の助けを借りて発見された最初の惑星である。ウィリアムは国王ジョージ三世に敬意を表して「ゲオルギウム・シドゥス（ジョージ星）（原注2）」と名付けた。ジョージ三世はウィリアムに200ポンドの年金を与えて謝意を表した。それは無視できない金額だった。というのも、彼がバースで熟練の音楽家として稼ぐ額のおそらく半分に過ぎなかったが、それでも王室天文官の給与の3分の2に相当したからである。そこで、ウィリアムは最終的に音楽を棄てることに決めた。彼の決心はキャロラインにも影響した。彼らは二人ともウィンザーから遠くないダチェットに身を落ち着けた。というのも、ウィリアムには、時々命令に応じて宮廷の人々のもとに行き、星を見せて楽しませる義務があったからである。

この時ならぬ招待を除けば、ウィリアムには天体観測に没頭する時間があり、もちろん彼はそこに妹を参加させることに決めた。彼は考えた。小さな望遠鏡を使えば、彼女でも二重星、星団、星雲あるいは彗星など、興味深い天体を探して全天をたやすく走査できるだろう。思いつきはすぐに実行された。1782年8月、彼は操作が簡単な器具を妹に与え、仕事に取り掛からせた。彼女は、

（原注2）現在の呼び名は天王星である。

観測においても鏡の研磨と全く同様、才能に恵まれていることが明らかになった。数か月の見習いの後、1784年2月から3月にかけて、彼女は未知の星雲4個と星団を1個発見した。それによって、それまでの星のカタログに記載された星雲の総数が5％増えた。彼女は新しいカタログの作成に乗り出そうとさえ考えた。妹の成果に心を打たれ（かつ嫉妬して？）、ウィリアムは進行中の仕事を放棄して、より性能の良い天体望遠鏡を使って自分自身で全天を走査することに決めた。彼の目論見が達成されるまでに20年かかることになるが、おかげでシャルル・メシエによってそれまでに分類された100個ほどの星雲の数は、一気に増えて2500以上にもなるのである！

観測初期に、ウィリアムは技術上の問題に直面した。観測を始める前に、彼は長時間、眼を暗闇に慣らさなければならなかった。もし何か関心のある天体を見つけると、彼は蝋燭《ろうそく》の光で結果を書きとめたが、それはせっかく暗闇になれた眼力を無にするものであった。毎回このプロセスを繰り返さなければならず、そのことで彼は非常に多くの時間を浪費した。この問題の解決法は簡単であって、助手を使うことであった。助手の名は、やはり妹キャロラインだった。ウィリアムは、望遠鏡の接眼レンズに視線を固定して、暗闇で一人絶え間なく観測した。そして、彼は、もし視界の中に何かが現れるとすぐに大声で叫んだ。キャロラインは、そのたびに時刻、兄が口述する天体の描写、望遠鏡の仰角を書きとめた。それから彼女は確認のためにすべてを復唱した。ペースは一貫していた。事実、ウィリアムは毎分12個まで星雲を発見したので、キャロラインは素早く立ち働かなければばならなかった（原注3）。日中は、ウィリアムが眠ったり鏡を磨いたりしているのに対して、キャロラインは将来の出版を目指して、夜間の観測記録を清書し、そのデータを準備した。

こうした天文学の作業すべては、キャロラインにとって骨身を削る苦労を伴うものだった。インク壷の中でインクが凍るような厳しい冬の寒さに加えて、天文学は彼女の肉そのものをもぎ取ったことがあった。1783年12月31日、曇り空がやっと晴れたので、観測を渇望していたウィリアムは、すぐに望遠鏡の位置を変えるように命じた。溶けかけの30センチメートルの積雪の中を移動中に、キャロラインは足を滑らせ、そこにあった食肉吊り下げ用のフックが足に突き刺さってしまった。望遠鏡の動きがとまったので、ウィリアムは苛立ったが、キャロラインは「引っかかったのよ！」と答えることしかできなかった。スタッフの職人一人に手伝ってもらい、彼女はウィリアムによって助け出されたが、2オンス（60グラム）の肉がえぐれてしまった。その後、その職人の妻に手当てを頼んだが、手助けを拒まれたので、キャロラインは自分自身で傷を縫わなければならなかった。後にある医者は、そのような重傷であれば兵士でも6週間入院するかもしれない、と彼女に打ち明けた。彼女は入院するどころか、すぐに回復することを願った。というのも、彼女はただ一つのことだけを恐れていたからだ。すなわち、兄が星雲を一つでもとらえ損ねてしまうことである！　幸運にも、続く数夜は曇りで、彼女は休養を取ることができた。

兄の手伝いがないときには、彼女は自分自身の観測を進めることができた。そのため、1786

（原注3）兄の観測ペースを上げるために、彼女はフラムスティードの天体カタログを再整理した。例えば、接眼レンズで見るであろう星や、星雲の位置を突き止めるのに役立つであろう星をあらかじめ頭に入れていた。

年8月、兄たちがドイツに帰国して不在のとき、彼女は彗星を一つ偶然に発見したのである。偶然見つけたことをほとんど弁解しながら、彼女はすぐさま王立協会に天体の発見について知らせた。数日後、協会の会長と秘書官自ら「彼女の」望遠鏡の中の「彼女の」彗星を観測しに来た。そのことで彼女はまたたく間に有名になった。「発見を成し遂げた女性だって？　そんな信じがたいことがあるか！」そういうわけで、キャロラインはたちまち好奇の眼差しを浴び、何かの過ちではないかとまで思われたのである。

しかし、この成功は彼女に計り知れない褒賞をもたらした。すなわち給与である。40歳近くになって、キャロラインは天文学の研究で報酬をもらう世界初の女性になった。妹のために50ポンドの年賦金を国王に要求したのはウィリアムだったが、

図2-3　1795年にキャロラインが発見したエンケ彗星。写真は回帰してきた1994年1月5日にジム・スコッティが撮影したもの。

実際にそれを強く求めたのは彼女である。実はそのとき、大きな変化が起きていた。ウィリアムが彼らの家主の娘で未亡人のメアリー・ピットとの結婚を望んだのである。キャロラインにとって、それは自分の世界の崩壊だった。16年間、ウィリアムは彼女が生きる唯一の理由であり、あらゆる犠牲を払うに値する男性だった。もし彼が他の女性のためにキャロラインと「別れる」のならば、彼女はどうなるだろう。キャロラインは、ウィリアム自身が与える助手手当金を拒んだ。というのも、彼女はもはや兄弟に依存したくなかったからである。そのため、彼女は国王から授けられる給与がとても欲しかったのである。国王はウィリアムの申し出を受け入れてキャロラインに給与を与えることを認めた。ウィリアムは1788年5月、50歳近くで結婚することになる。

最初、キャロラインは義理の姉メアリーを嫌っていた。彼女は「私の」ウィリアムを奪ったのである。しかし、時とともに二人の女性はお互いをよく知るようになり仲良くなった。キャロラインは、私的な日記に最初の悪印象を書いたことを恥じて、その時期の日記をすべて破棄するほどであった。そのうえ、ウィリアムは相変わらずキャロラインを必要としていた。というのも、メアリーは鏡を磨くことも、観測において彼を補助することもできなかったからである。このウィリアムの結婚によってキャロラインには多くの自由時間ができたので、彼女は彗星の探索を再開した。1788年12月21日、彼女は二つ目の彗星を見つけた。これは、後にフランスの天文学者シャルル・メシエがわずかに彼女の先を越していたことがわかった彗星である。1790年1月7日、4月18

日、1791年12月15日に彼女は立て続けに三つの彗星を発見した。彼女は六つ目を1793年10月7日に見つけ出したが、そのときもまた、メシエがわずかに彼女の先を越した。彼女は7つ目の彗星を1795年1月7日に見つけた。27年後、ヨハン・フランツ・エンケが、この彗星と1786年の彗星は、公転周期が短い（3・3年）同一天体であることを発見することになる。キャロラインが最後に発見する彗星は、1797年8月14日に現れることになる。たった1時間の仮眠の後、できる限り早く王室天文官に伝えたくて、郵便の遅さをカバーするために、グリニッジまでの約50キロメートルを馬で走り抜いた。後に、スティーヴン・リーという人物が同じ日にその彗星を見たかもしれないことが判明した。

尾を引く天体、彗星

彗星は人々を魅了してきた。中国やバビロニアのカルデア人の古記録を見ると、彗星は3000年の長きにわたって人々の注目を浴びてきたことがわかる。特別な何かがあるのだろうか。恒星や惑星と違って、彗星はその出現が予期できない。このことから、古代人たちは、彗星の出現は天空に現れた何かの兆しと考えた。それも悪い知らせではないかと心配しつつ注意深く見張ってきたのである。

彗星の出現をあれこれ言う予言者たちはさておき、人々は、この外からやってくる天体を科学的に研究するということも始めた。始まりは中国である。7世紀以降、中国人たちは、彗星が明るく輝くのは太陽の光のおかげであって、彗星自体が光を発しているわけではないとわかっていた。そして、彗星の尾はいつでも太陽と反対側に引くことも知っていた。西洋では16世紀になって、やっとこのことに気がついたほどで、この点では遅れていたのである。

彗星の正体についても、色々推測はされていた。ギリシアのピタゴラス学派の人たちやラテン哲学者のセネカは、彗星は一種の惑う星、すなわち惑星と同じなのではないかと考えていたが（セネカは彗星も惑星と同じように周期的な運動をするのではないかと考えていた節がある）、このような考えは少数派であった。紀元前4世紀、アリストテレスは尾のある天体は、単に地球の大気中の現象ではないかと考えた。竜巻、雲あるいは春の雨の一種ではないかと考えたのである。突然現れて、やがて天空に消えて行く一時的な現象に過ぎないと思えたのである。尾のある天体は、より高みにある月などの宇宙の世界の出来事ではなく、地上世界に属する現象であると考えたのである。このような考えに影響されて、彗星というものは綺麗な雲以上の関心を引かなくなったのである。

彗星は地球の大気現象であるというアリストテレスの考え方は、何世紀にもわたって信じられた。デンマーク人天文学者が天文学の金字塔の一つを打ち立てて、やっと真実に近づいたのである。1577年の終わり頃、デンマーク王の天文学者でウラニボリ天文台の主であったティコ・ブラーエが一つの彗星を観測した。そして細心の注意を払った精密さで、彗星の天空上の軌道を記録した。同一夜の中での時刻ごとの位置比較、そして自分の観測データと、地理的に離れたポーランドでの同僚の観測データを比較した結果、位置データに有意な差はなかった。位置が大気中であるならば、遠く離れた2点から見るとその方位は異なるはずであるから、彼はこの結果から彗星が極めて遠方にあるに違いないと結論付けた。彼の計算では月－地球間の距離の4倍程度の距離にあると求まった。彗星が天空を横切っていくのであるから、プトレマイオスの主張する「何層にもなっている天球（訳注1）」というものが実在するならば、それらを次々と破壊していくに違いない。このことからブラーエは何層にもなっている天球という概念を放棄せざるを得なかったのである。この結果は、小手調べといった軽いものではなかった。すでに1572年には、新星を発見していた。これに加えて彗星を発見したことで、星空は不変で完璧なものであると考えるアリストテレス的な観点を、決定的に打ち破ったのである。

ブラーエの発見のあと、彗星の研究は急速に進み始めた。最初はその軌道の研究が主であった。ヨハネス・ケプラーやガリレオ・ガリレイは、当初、この天体は重力にひかれて太陽の周りを回っているものとは考えていなかった。天体運動法則の生みの親であるケプラーは、彗星

（訳注1）当時は、アリストテレスに始まり、プトレマイオスがまとめ上げた天動説が流布していた。この説では、宇宙は何層もの天球でできており、それぞれが地球の周りを回っていると考えられた。

というものは宇宙の中を直線状に移動すると考えていたほどである。1610年に、アマチュア天文家であるウィリアム・ロウアーは、著名な学者に対抗する形で、彗星は地球と同じように太陽の周りを回っている、そしてその軌道の形は細長い楕円であると主張した。1618年には、オラティオ・グラッシがその考えを支持した。ところが、ガリレオはこれをばかげた考えとして一笑に付したのである。ガリレオとグラッシの論争は1687年になってやっと結論に到達した。1680年に現れた彗星の考察から、アイザック・ニュートンが楕円軌道論を提示して、決着がついたのである。彗星は楕円軌道をとって太陽の近くを通り過ぎて、やがては遠ざかるのである。この理論は革命的なものであった。何世紀もの間、夕闇の中で見えていた天体が朝方見えたときには別の異なる天体と考えられてきたのである。1680年と1681年に見えた二つの彗星は、実は同じ彗星が近日点を通り過ぎて再度現れただけであるとゲオルグ・デルフェルが明らかにした。

軌道の研究の次の主役はイギリス人エドモンド・ハレーである。1705年に、彼はニュートンの法則と過去の観測データを用いて、24個の彗星の軌道を計算して求めた。その軌道の中で、1531年、1607年と1682年に現れた彗星は軌道が非常によく似ていることを見つけた。このことから、この彗星は繰り返し現れるもので、次には1758年に現れるであろうと予言した。彗星は確かに再度現れた。ただ、その時期はハレーの計算よりは少し遅かった。

これは、大きな惑星によって彗星の軌道が少し乱されることが彼の計算の中に含まれていなかったためであると判明している。この彗星は、彼を顕彰するためにハレー彗星と呼ばれている。このことは、出現を予期できないと思われていた彗星が再帰することが確認されただけに留まらず、ニュートン理論の正しさを証明もしたという価値あることであった。

彗星は三つの部分でできている。尾（何百万キロメートルもの長さに伸びる尾部）、コマ（直径何千キロメートルにもなる明るい部分）と核（最大でも直径数十キロメートル）である。核は、明るいコマに隠されて見えないことがあるが、尾とコマは見えやすい。ただし、これらもいつでも見えるというものではなく、太陽に十分近づいたときだけ見えるものである。彗星の場合、見事な尾が注目の的となる。尾には主として二つのタイプがある。タイプⅡと呼ばれる白っぽい塵の尾（ダストテイル）は、核から放出された大

彗星の先頭部の姿。

量の塵の粒子でできており、太陽の光を反射している。この部分が反った形をしているのは、太陽からくる光の圧力によるのである。彗星の軌道に沿って、この塵がばらまかれて漂うことがある。これが地球の大気に接触すると、流星となる。8月に現れるペルセウス座流星群は、スイフト・タットル彗星の軌道にばらまかれた塵が地球の大気に突入するために流星として見えるのである。塵の尾ほどは目立たないけれども、タイプIというもう一つの尾がある。これはイオンテイルと呼ばれるもので、ほのかに青っぽい光を放つ。主にCO^+イオンから光が出ている。その形はほぼ直線状で、ちょうど太陽と反対側に伸びている。これは、太陽から出ている粒子の流れにイオンが吹き流されていることによる。太陽から噴き出す粒子の流れは19世紀には予想されていたが、20世紀になって確認されて、今では太陽風と呼ばれている。

彗星を一つでも発見することは、当時の男性にとっても特別なことであると見なされていた。それが、たった一人の女性によって8個も発見されたとは少し多過ぎで無作法と捉えられかねない！専門の天文学者――全員一様に男性――は賞賛の念を隠そうとはしなかったが、キャロラインはこの光芒《こうぼう》のある天体にうんざりし始めていた。そこで、彼女はフラムスティードの天体カタログの改訂に取り掛かる決心をした。ウィリアムが、たまたまカタログの中のいくつかの誤り（確認することが困難なもの）に目印をつけていたということもあり、また、そのカタログはきちんと整理されておらず、全く使い勝手が悪いことがわかったからである。観測結果は一つの巻に記載され、カタログそのものはもう一つの別の巻に記載されており、面倒だったのである。ウィリアムは、複雑なカタログを見る忍耐力がなかったので、妹にその仕事を任せたところ、彼女はいつもの細心さで仕事に取り掛かった。キャロラインはすべてを確認するのに2年かけ、全部を修正し、全部を整理し直した。とりわけ彼女は、カタログのリスト作成時にフラムスティードが記載するのを「忘れた」561個の星を発見した。それらはカタログの5分の1にのぼったのである。

この仕事が終わって、その成果が科学界によって熱狂的に迎えられると、キャロラインはさらに2年をウィリアムの観測記録の再整理に費やした。彼が発見した星雲は明るい星と関連づけて位置が割り出されていたのだが、天空で偶然天体が見つかるたびに、それを特定する前にカタログ全体に目を通さなければならなかった。それゆえ、キャロラインはもっと論理的な方法で、北極星から同じ角距離（90度－赤緯）にある領域ごとに整理し直した。さらに、彼女は星雲を位置づけるのに役立つあらゆる星の正確な座標を計算したのである。

その間、ウィリアムは過去の栄光の上にあぐらをかいていた。結婚以来、この勤勉なプロテスタントのドイツ人は、イギリスの地でのんびりと過ごすようになった。彼は徐々に天体観測をしなくなり、長期休暇を取り始めた。そして、彼の健康は少しずつ悪化し始めた。結局1822年に彼は亡くなった。無条件に献身した愛しい兄の死は、キャロラインの心を大きく揺さぶった。72歳になった彼女は、自身の生涯もあと数か月と思って、イギリスで暮らす意欲を失った。確かに彼女は、イギリスにいる兄嫁と甥の二人が好きであったが、このうえなく大切なウィリアムには代えられなかった。まだ生きているただ一人の兄弟のディートリッヒはハノーファーで暮しており、彼女の最良の女友達も、数年前にそこに戻っていた。そこで彼女は、晩年を過ごすのはハノーファー以外にあり得ないだろうと決心した。

この決定を、彼女はひどく悔やむことになる。というのも、ディートリッヒはウィリアムではなく、1822年のハノーファーは50年前に彼女が過ごしていたハノーファーではなかったのである！イギリスを離れても、彼女は学問のキャリアを続行した。1823年、ウィリアムの息子である甥のジョンが父親の星雲を観測したいと望んだ。仕事をさらに効率よく行うためには、星雲を位置づけるのに役立つ近くの星ではなく、星雲そのものの正確な位置が必要だった。そこで彼は叔母に助けを求め、彼女は2年で再びカタログを書き直した。この見事な著作（全104ページ）に対して、王立天文学会はキャロラインにメダルを授与した。この授与について、なぜウィリアムの業績が認められずにキャロラインだけが栄誉を受けるのかと、キャロラインは不満をもった。ジョンは当時会長だったのだが、次のように言い訳をした。「それは私の仕業ではありません。〔中略〕学会はもっとうまくやれたかもしれませんが、私の意見は聞き入れられなかったのです」。彼女は次のように反論した。「私を称賛する人が、私の業績のもとになったあなたのお父さんについてほとんど何も言わないとは信じられない」。しかし、彼女はさらに三度栄誉を受けることになる。1835年、彼女はメアリー・サマーヴィルとともに、王立天文学会の名誉会員（正会員の身分は当然男性に限定されていた）になった。1838年には、彼女はアイルランド王立アカデミーの会員に指名された。そして1846年、プロイセン王は科学への貢献に対して彼女に金メダルを与えた。キャロラインは、心ならずも有名人、それどころか伝説の人になった。科学者たちは彼女のハノーファーの小さなアパートにやって来て、恭しく敬意を表するほどであった。

しかし、この伝説のオーラをまとっていても、キャロラインは聖女ではなかった。歳をとるにつれて、彼女は次第に辛辣で、怒りっぽく気難しい態度をとるようになった。さらに彼女は、何が何でも、ウィリアムは地上にもたらされた最高の天文学者であり、また、あり続けると主張した。例えば、甥のジョンが、第三代ロス伯爵（ウィリアム・パーソンズ）が巨大望遠鏡を建設したと彼女に告げたとき、彼女は一日中嘲笑していた。その望遠鏡は1メートル80センチの口径によって、兄ウィリアムの最大の鏡を大きく凌駕していた（原注4）。ウィリアムを凌ぐとは、何と無礼な、と。

1847年の夏、ジョンは南半球の星雲の観測結果を彼女に送った。ウィリアムの仕事の完遂を見届けて（彼は北半球しか観測していなかった）、1848年1月9日、キャロラインは静かに息を引き取ることができた。97歳10か月というかなりの高齢だった！ 彼女は愛しい兄の髪が一房

（原注4）ウィリアム・ハーシェルによって造られた最大の鏡は1メートル20センチだったが、彼はほとんど使わなかった。彼のお気に入りの望遠鏡は、鏡筒の長さ20フィート（6メートル）で、口径46センチの鏡を備えていた。

入ったメダルと、最愛の父親のものだった暦と一緒に埋葬された。

生涯を通じて、彼女は次のように繰り返し語った。「私は一匹のよく訓練された子犬ができたであろう以上のことは何もしていません。つまり、私は彼からやるように命じられたことを実行しただけなのです」。それは一部真実だが、彼女がいなければ、ウィリアムは名高い「ハーシェル」にはならなかったかもしれないと付け加えるべきである！ ウィリアムには、好奇心、独創性、そして理論的な思弁があった。キャロラインには、努力、計算、結果をまとめる辛い作業、カタログの長期にわたる推敲《すいこう》があった。ティコ・ブラーエは理論を構築せず、宇宙についての理論はヨハネス・ケプラーに任せたことを非難されただろうか。ブラーエの地道な観測結果がなければ、ケプラーの素晴らしい業績は存在し得なかったのである。

●キャロライン・ジーン・スペルマン・シューメーカー

キャロライン・スペルマンに科学者になる予定は全くなかった。彼女は、1929年6月24日、アメリカのニューメキシコ州ギャラップで、家禽飼育業者のレオナルド・スペルマンと教師のヘーゼル・アーサーの娘として誕生した。両親が彼女に星空を観賞させたことは一度もなかったし、若きキャロラインが科学一般、とりわけ天文学にわずかでも関心を示したことも一度もなかった。学校教育を受けている間、ただ一度しか科学に出会うことはなかった。それは地質学の授業で、しかも彼女は、授業をひどく退屈だと思ったのである。彼女は両手を同時に使って板書する教授の器用さしか覚えていなかった！

そういうわけで、キャロラインが1950年にカリフォルニア州立大学チコ校で、科学とは全く関係のない分野、つまり歴史と政治学の修士号を取得したのは当然の成り行きであった。彼女は教員養成プログラムによってこの学位を補った。つまり母親と全く同じように、彼女は教育者を目指したのである。そして、同世代の若者たちと同じように、彼女は世間を見たい、大学を離れて人生を楽しみたいと望んでいた。そうやって、朝鮮戦争による生きづらかった時期の埋め合わせをするのだとの思いをもっていた。

図2-4　1986年パロマー天文台の18インチシュミット望遠鏡を前にした夫撮影のキャロラインの姿。

ところが、キャロラインはすぐにまた学問の世界に捉えられた。1950年の夏の間に、兄のリチャードが彼女の大学の友人の一人と結婚した。結婚式のときに、キャロラインはリチャードの花婿付添人と知り合った。彼はユージーン・シューメーカーという名の感じの良い若き地質学者だった。彼女は以前彼の噂を聞いたことがあった。彼女の兄はカリフォルニア工科大学でユージーンのルームメイトだった。リチャードは、キャロラインとユージーンは素敵なカップルになるだろうと考えており、そのことを彼女に遠慮なく口にしていたからである！　彼女の母親もまた、ユージーンに会った後、この「素敵な若者」のことをしきりに褒めた。二人ともロマンスを後押しするためにできることなら何でもやった。実際には、彼女とユージーン二人に手助けは必要なかった。なぜならお互いに一目惚れしたからである。しかし彼らは、出会ってからたった数日で別れなければならなかった。キャロラインはペタルーマの学校に教えに行かなければならなかったし、ユージーンはプリンストンで博士課程を続けたからである。

キャロラインにとって、教職経験は惨憺《さんたん》たるものであった。というのも、12歳の幼い生徒たちは勉学に興味がなく、彼女は彼らをしつける気になれなかったからである。彼女の唯一の慰めは、毎月ユージーンに宛てて長い手紙を書くことであった。ユージーンは延々と続く文章で彼女に返事をした。その学年度の終わりに、二人はコロラド高原にキャンプに出かけた。コロラド高原は地質学上めずらしい場所で、ユージーンはどうしても彼女に見せたかったのである。このキャンプの1週間後、ユージーンは彼女に結婚を申し込んだ。そして1951年、兄の1年後に、今度はキャロライン・スペルマンが結婚したのである。

その頃、キャロラインの科学への貢献はささやかなものであって、「ジーン（ユージーンの略称）」の活動の場に同行するだけだった。妊娠したときも一緒に出かけた。ユージーンの招待客を自宅に迎え、夫の活動に丁重に付き従った。それを除けば、彼女はただの専業主婦の生活を送り、子どもたちの教育に身を捧げた。二人はクリスティ、パトリック、そしてリンダという3人の子どもをもつことになる。その間に、ユージーンはアメリカの国土のウラン鉱床を調査し、月の探査も夢見た。病気のために月の探査はできなかったが、彼は宇宙飛行士選抜委員会の委員長になった。彼はそこで地質学入門を教えていたのである。

1970年代の終わりになると、子どもたちが成長して、キャロラインは孤独というか、毎日を無為に過ごしているのではと感じるようになっていた。彼女は何か興味深いことに身を捧げたいと望み、ユージーンに何かアイデアがないかと尋ねた。機転の利くユージーンには、いくつかのアイデアがあった。彼は彼女にまず古地磁気学に関心をもつように提案した。キャロラインはそのテーマを少し知っていた。彼女は野外調査や研究所でユージーンを手伝って、すでにそれを「満喫して」いたからである。しかし、彼女はその仕事が大嫌いだった。そこで、ユージーンは、数年前に開始したものの、それ以来停滞していた革新的な計画、すなわち小惑星研究を行うことを提案した。

実際、彼は小惑星についての統計が大きく欠けていることに気づいていた。かつて太陽系のすべての天体（惑星、衛星など）に、小惑星が爆撃のように衝突したことはわかっていたが、当時、これらの小惑星の一つが、将来地球と衝突する確率を見積もることはまだ不可能だった。ユージーンはエレノア・ヘリンとともに、これらの小惑星の研究に身を投じた。しかし1970年代末、計画はやや停滞しており、キャロラインの申し出はちょうどよいタイミングだったのである。古地磁気学よりもわくわくするテーマを見つけて、彼女は早くも1979年にユージーンの手助けをし始めた。1980年、地球を脅かすかもしれない小惑星を探して、彼女は45分または1時間間隔で撮影された、天空のある決まった領域の写真乾板の調査に取り掛かった。

初めは、彼女は「ブリンキング」（原注5）という古典的な技法を用いた。これは、同じ領域の二枚の乾板を交互に矢継ぎ早に見る方法である。もし何か動くものがあるとしたら、それは移動する天体、すなわち彗星あるいは小惑星以外にあり得ない。ユージーンはこの技法の改良を試みて、ステレオスコープ（訳注2）を使うことを提案した。というのも、二つの乾板をそれぞれ左右の異なる目によって見たときに、多くの天体がひしめく天空の中に、ある天体が浮かんでいるように見えると、それは移動している天体と判断できるからである。「視差法」といわれるこの技法を理解することは容易だ。腕を伸ばして親指を立て、右目と左目で交互に見てみよう。親指（小惑星）は、背景になっている壁（遠くにある星）との関連で、浮いているように見えるのである！ ユージーン

（原注5）明滅することを意味する英語の「to blink」が起源。

（訳注2）立体視装置。物体を右目のみで見たときと左目で見たときとでは、その物体までの距離によって見える方向が少し異なる。これを視差という。物体が近くにあれば視差は大きく、遠くにあれば視差は小さい。このことを利用して、右目で見た画像を右目だけで見るように、左目で見た画像を左目だけで見るようにして、両目で見るようにした立体視装置を使うと、画像が立体的に見える。

はまず、エレノア・ヘリンにステレオスコープを託したが、彼女はすぐにそれを使わなくなった。誰もがうまくステレオスコープで立体視できるわけではないのである。そこで彼はその器具をキャロラインに託した。彼女はといえば、この類の才能に非常に恵まれていることがわかったのである！

キャロラインは闘志を燃やした。彼女の天文学への情熱は高まり、自分自身の写真乾板を分析できるようにするために、観測技術を習得する決心をした。もちろん、天文台のドームは快適な場所ではなかった。吹きさらしだったのである。そのうえ、彼女はどちらかというと朝型の人間で夜型ではなかったが、それにもかかわらず、やがて「本物の」望遠鏡で「肉眼で」天体観測することを好むようになった。彼女は、かつて両親とともにパロマー天文台を訪れたことがあった。当時近寄りがたく思えたこれらの装置を、今では自分が制御していることに感慨の念を深くしていた。

１９８２年、シューメーカー夫妻は、二人きりで、ＰＡＣＳ（Palomar Asteroid & Comet Survey, パロマー小惑星・彗星探査）という新規の計画を立てた。地球にとって潜在的脅威となる天体を特定するために、彼らは毎月7晩、新月の頃にパロマー天文台の18インチ望遠鏡を使った。この観測の期間中は休みが取れないほど忙しかった。観測すべき天空領域の座標の下調べをしたり、望遠鏡を制御したり、写真乾板を取り替えたりしなければならなかったからである。これらすべての仕事を成功させるためには、二人でも手が足りないほどであった。それでも、すぐに報われた。

１９８２年、キャロラインは地球に接近する小惑星（ＮＥＯ、Near Earth Object, 地球近傍天体）

を一つ発見した。この最初の成功に勇気づけられて、彼女はひそかな希望をもって、ある仕事を続けていた。すなわち、彗星を見つけることである。まずは、よく知られた彗星を選んで、その見え方を調べることにした。ボーエル彗星を撮影してみると、陰画《ネガ》の上では微かにしか現れていなかった。こんな微かなものならば探査は難しいと感じて、キャロラインは自分では一つも発見できないかもしれないと危ぶんだ。

しかし、1983年の終わりに、彼女の乾板の上に彗星候補が一つ現れた。キャロラインは、その天体が発見されているかどうか知るために、すぐに天文電報中央局局長に連絡を取った。それはいまだ発見されていなかった。つまり、たった今、初めて彗星を発見した瞬間であった。彼女は大喜びをした。この瞬間から、キャロラインの彗星への関心はさらに膨らんでいった。11年の間この仕事を続けて、彼女は彗星を32個発見することになる。これは、かつてどんな男性（あるいは女性）も成し遂げなかったことである！　彼女がロバート・マックノート（2014年の記録で彗星82個を発見）と、自動探査（探査機SOHOについては2000個以上の発見！）によってその記録を抜かれたのはつい最近のことである。

そして、小惑星も忘れてはならない。キャロラインは小惑星を800個以上（アメリカ地質研究所による。小惑星研究所によるとおよそ600個）発見したのである！　それらの中に、「トロヤ群」、つまり木星－太陽ラグランジュ点にあり、木星と太陽とともに正三角形を形づくる所に滞在する小惑星群がある。地球付近を通過する天体より遠くにあるので、それらを発見するのはさらに難しかった(それらはステレオスコープによって見える画像の中にはほとんど「浮かんで」こない)。しかし、キャロラインはそれでも47個発見した。このことは、トロヤ群が実際は、小惑星帯の天体と同じぐらい数多くあることを意味する。

シューメーカー夫妻のプロジェクトは、少しずつ助力を受けることになっていった。1987年からヘンリー・ホールト、次いで1989年からデイヴィッド・レヴィがパロマー天文台で二人に合流したのである。デイヴィッド・レヴィは、PACSプロジェクトに自発的に参加したアマチュア天文家だったが、シューメーカー夫妻が1993年に20世紀でもっとも印象的な彗星の一つを発見したのは、彼とともにであった。すなわち、シューメーカー・レヴィ第9彗星である。この彗星は、1994年の夏に、木星に衝突したのである。その衝突の様子は、地球と衝突する可能性を連想させるものであった。この彗星は、1929年のある日、太陽付近を通過したといわれている。キャロラインは、この彗星が木星に衝突して生み出した「真珠のネックレス」をとても誇らしく思った。1929年は、50歳近くになってから天文学に身を投じることになるキャロラインが誕生した年である。

彗星と小惑星に捧げられたこの大きな仕事によって、シューメーカー夫妻には1988年のリッテンハウス・メダルと1995年の年間最優秀科学者の称号が授けられた。さらに1996年、キャロラインは「並外れた科学的成功」によってNASAからメダルを授かった。しかし、彼女にとっての最大の褒賞は、それまで天文学界によって真剣に検討されてこなかった一つの題目、つまり地球への衝突の可能性を確実なものにしたことである。

シューメーカー夫妻は天空にまなざしを向けただけではなかった。彼らは、地球にとって潜在的脅威となる小惑星を研究していたが、過去の衝突によって地球の表面に残された痕跡にも同じように関心を抱いていた。１９８４年から、彼らは毎年３か月の間、その研究のためオーストラリアに行った。というのも、この地質学的に安定した大陸は地殻活動の形跡がほとんどなく、そのため、地表に古いクレーターの痕跡が良い状態で保存されているからである。１９９７年６月中旬のある

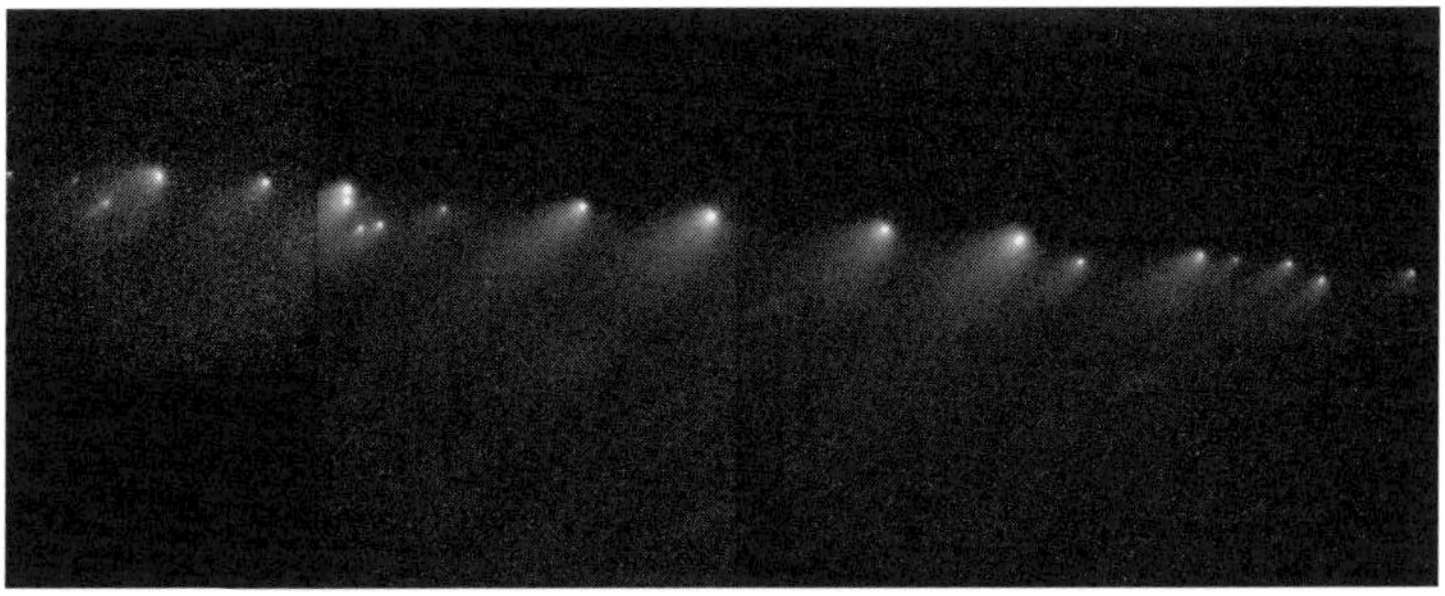

図2-5　シューメーカー・レヴィ第９彗星の分裂の様子。分裂は木星の重力によって引き起こされた。分裂した断片は木星本体に衝突した。撮影はハッブル宇宙望遠鏡。（©NASA, ESA, and H. Weaver and E. Smith (STScI)）

日、日に1、2台の自動車しか通らない辺鄙《へんぴ》な道をジープで走っていたとき、彼らは埃っぽいカーブで1台の別の自動車と正面衝突した。もう一方の自動車の家族は後に回復したが、シューメーカー夫妻にとって事故は致命的だった。ユージーンは即死だった。キャロラインは死を免れたが、様々な後遺症から回復するために1年以上かかることになる。回復すると、彼女はセラピーの代わりに、進行中だった二人の計画を完了させた。2021年に亡くなるまで、彼女は小惑星や彗星の研究を続けてきたが、二人のオーストラリアでの研究結果はまとめられてはいない。

キャロラインに科学を教えたのはユージーンである。もちろん、計画を考えついたのも彼である。しかし、ユージーンとキャロラインを切り離すと、何の意味もなさないかもしれない。ユージーンがいなければ、確かにキャロラインは天文学を学ばなかっただろう。しかし、キャロラインがいなければ、明らかにユージーンは小惑星の探究やオーストラリアのクレーター研究など全く考えなかっただろう。ハーシェル兄妹やシューメーカー夫妻のような共生関係においては、女性だからというもっともらしい口実のもとに、二人のうちの一人を忘れてはならないのである。

彗星の性質について

キャロライン・ハーシェルの時代とキャロライン・シューメーカーの時代との間に、彗星の科学は大きく進展した。位置を測定して軌道が求められることに変わりはないが、彗星そのものが厳密にはどのようなものであるのか精密な研究が始まったのである。19世紀には、当時の新たな科学的手法である分光学（第3章参照）の助けを得て、彗星の化学組成の研究が始まった。その結果、猛毒である青酸（CN）が見つかった。1910年にハレー彗星の尾を地球が横切ると予想されたので、その猛毒のために窒息する懸念から一部ではパニックの様相を呈した。尾のガスの密度は極めて薄く、地球の空気が保護してくれることがわかり、その恐れはなくなった。その後、彗星の成分が次々と明らかにされていった。水、揮発成分（メタン、アンモニアなど）、さらには重合成有機物が見つかったのである。彗星については、理解しがたい問題が一つ残っていた。彗星は太陽系天体の中では、そもそも小さな天体である。それが時間とともに形が変わっていく。太陽に近づくたびに、数億トンの物質が蒸発していく。1回の接近あたり、核の厚みが1メートル程度小さくなるのである。1000回程度太陽に接近すると、その彗星は消えてなくなってしまう。彗星の寿命は短いのである。太陽および太陽系ができて45億年経過している。であるから、初期に彗星がたくさんあったとしても、それらはすべて寿命がきてなくなっているはずであるのに、我々は彗星を見ることができる。この不可思議さを解決する道は、彗星の故郷あるいは貯蔵所というものがどこかにあるはずであると考えることである。様々な可能性が検討された。遠い星間空間からやってきたとする説や、火星と木星の間の小惑星帯からやってきたとする説が唱えられた。しかしこれらの説は、彗星の軌道や化学成分を説明できないことがわかった。

1950年にヤン・ヘンドリック・オールトは、彗星のサンプルを系統的に研究した。その結果、ほとんどの彗星の軌道の遠日点は太陽－地球間の距離の10万倍離れた距離のところにあることを見出した。これが長年探索されてきた彗星の故郷あるいは貯蔵所であって、今日では「オールトの雲」と命名されている。この雲は球形で太陽から1万から10万天文単位の半径であると考えられている。その中には、1兆個から10兆個の彗星が漂っていると思われている。オールトの雲だけが彗星の故郷ではない。海王星の外側に、氷結した天体が帯状に漂っているという説が、1949年に唱えられた。この説を提案した二人の学者の名前をとって「エッジワース・カイパーベルト」と命名されているところである。この場所も彗星の貯蔵所として有力視されている。太陽系の中での様々な天体の重力的な作用、擾乱《じょうらん》によって、汚れた雪だるま状態のものが太陽に向けて打ち出され、あの見事な彗星という姿となるのである。

シューメーカー夫妻の研究課題は、彗星の衝突である。有毒ガスの次は彗星の地球衝突の恐れが生じたのである。この衝突の可能性は、地球の終焉を心配させたし、それを題材にしたハリウッド映画ができたりしたが、確率は小さいものの衝突の可能性は実際あるのである。

1736年にその可能性が指摘されて以降、衝突が実際起こることが現実に目撃された事件があった。

それは、シューメーカー・レヴィ第9彗星が、木星に華々しく衝突した出来事である。この壊滅的な出来事が発生して以降、彗星あるいは小惑星が地球に衝突する可能性が現実味を帯びてきたのである。そのため、地球衝突物体の探査を行うプログラムが多数組まれた。スペースガード探査計画もその一つである。彗星が地球に向かって突入して地球が壊滅する可能性は否定できないが、彗星が地球にやってくることは別の面も合わせもっている。実は過去の接近が地球に生命をもたらした可能性があるのである。海洋の水のすべてあるいは一部が彗星からもたらされた可能性がある。さらには、我々のDNAを構成している有機物複合体も彗星からやってきたのかもしれないのである。その地球外からもたらされたものが10億年程度かけて現在の私たちになっているのかもしれないのである。

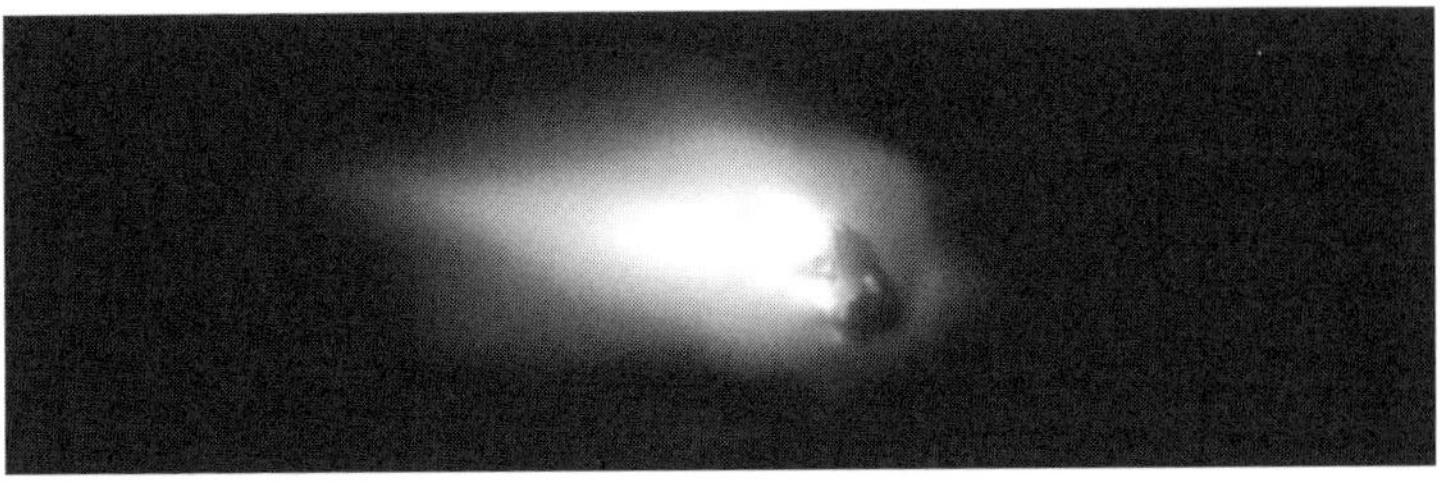

ハレー彗星の核。1986年、ヨーロッパの探査機「ジオット」が撮影(©ESA/MPAe Lindau)。

チュリュモフ・ゲラシメンコ彗星の核。2014年、ヨーロッパの探査機「ロゼッタ」が撮影（©ESA/Rosetta/MPS for OSIRIS Team MPS/UPD/LAM/IAA/SSO/INTA/UPM/DASP/IDA）。

第3章

星の分類

アニーとその仲間たちの忍耐の賜物

宇宙には無数の星々がある。肉眼では、夜空には6000個余りの星々がきらめいて見える。性能の良い望遠鏡ではさらに数多くの星々が見える。事実、一つの銀河は1000億以上の星を含んでおり、その銀河の数は、はかり知れないのである！　どうやってこの途方もない星の世界の全体像を把握することができるのだろうか？　星々の性質を正しく理解しようとすると、まずは観測結果を整理して、これらのおびただしい数の恒星を分類しなければならない。天文学者は、その分類の基準となる量・特徴をいくつか利用してきた。位置、明るさ、色、運動、変光の有無などである。しかし、やがて、恒星の構造を解く重要な鍵は、スペクトル研究にあるということが明らかになってきた。この考えを推し進めるために、新たに巨大な天文学プロジェクトが立ち上げられた。そして、そのプロジェクトで、女性たちが大活躍をし、星の分類を完成させるという偉大な成功を収めたのである。

◉スペクトル？　スペクトルですって？

分光学（Spectroscopy）は、文字通り「スペクトルの学問」である――これは私たちにとっては、あまりなじみのない言葉であるが、比較的古くからある学問分野なのである。というのも、17世紀の偉大なるアイザック・ニュートンの研究にその起源があるからである。この高名な物理学者は、ある日一筋の太陽光線をプリズムの上に落とし、それが多数の色に分解されることを確認した。この七色の光を、ニュートンは「スペクトル」と名付けた。彼はスペクトルの色は魔法の力で現れるのではなく、通常の光が様々な色を含んでいることを証明したのである。また、彼は様々な色のスペクトルを再び組み合わせて、白色光を作り出すことができた。

少し後の1802年に、イギリスの化学者ウィリアム・ウォラストンがニュートンの実験をやり直し、太陽スペクトルの中の所々に黒い筋があることを発見した。そこで、彼はこれらの「スペクトル線」（この名そのものは、後に決められたのではあるが）は、色の間にある天然の仕切りを表していると考えた。ウォラストンの外に、ドイツの物理学者ヨゼフ・フラウンホーファーもまた、この奇妙な線を発見した。彼は、より体系立てた方法でスペクトル線を研究した。すなわち、彼は570本以上のスペクトル線を見つけて目録にまとめ上げたのである。しかし、「色の間の境界」と理解するには、それは少々数が多過ぎた。フラウンホーファーは、最も重要な線に名前をつけ（原注1）、それらのうちの324本の位置を正確に測定した。1823年、彼は太陽光を調べるだけではもはや満足できなくなった。そこで、シリウスのような輝く星のスペクトルを調査した。そして驚くべきことに、すべての星が同じスペクトルをもっているわけではないことを発見したのである。すなわち、吸収線の数、位置、そしてとりわけスペクトル線の相対強度が星によって異なっていたのである！　しかし、科学者たちはすぐに、異なるスペクトルのパターンは少ししか存在しな

（原注1）A、B、Cなどの文字が用いられた。この記号分類法は今でも使われており、「フラウンホーファー線」という言葉が使われている。

いことに気づいた。つまり、ついに星を分類するためのツールを手にしたのである。しかし、これらのスペクトル線の重大な物理的意味は、ずっと後にならないと理解されることはなかった（80ページ囲み記事参照）。

分類という困難な仕事に取り組もうとした最初の人物は、イタリアのイエズス会士で天文学者のアンジェロ・セッキ（1818〜1878）である。ローマの聖イグナチオ教会の屋根から、彼は小さな望遠鏡（現在の口径約10メートルの望遠鏡と比べて、それらの口径は15センチメートルから25センチメートルしかなかった）を使って4000個の星のスペクトルを肉眼で観察した。人間の目は生まれつき青い光をほとんど感知できないので、彼の研究の大半を占めたのは赤味がかった星だった。1865年、彼は星を二つのグループ（白と色つきの星）に分けることに決め、次いで1867年に三つのグループ（白、黄、赤の星）を規定することによって分類を細かくした。翌年には、三つのグループに四つ目の要素が付け加わることになる。白い星（Ⅰ型）には、例えばシリウスとベガが含まれる。それらのスペクトルは、どの色もほぼ同じ強さであって、数本の水素のスペクトル線が現れるだけである。カペラや太陽のような黄色い星（Ⅱ型）は、金属原子による数多くの細い吸収線があるスペクトルである。赤い星はといえば、ある色のところに吸収線が集中してグループを形づくっているのが特徴である。この吸収線が集中してグループになっていることを、吸収線がバンド（帯）状になっているという。赤い星のほとんどはⅢ型に分類された。ところが、赤い星の中で、バンド状スペクトルが炭素のスペクトルと酷似しているものがあり、セッキはこれをⅣ型と分類した。セッキは500個の星をこれら四つの型に分類した。

当時、これら四つの星の型による説明は誰にも受け入れられなかった。ある星がいずれかの型に属するのは、星の進化の証拠だと考える者もいた。例えば、ヘルマン・カール・フォーゲルは、Ⅰ型の星は若く高温の星であり、Ⅲ型とⅣ型の星は、寿命の終わりごろの天体であると見なした。つまり、すべての星は一生の間に様々な型を経過すると考えたのである。素晴らしい直感に従って、セッキは星がいずれかの型に属することを温度変化と結びつけたが、それに対して、エドワード・マウンダーは、むしろ化学組成の違いの方に重点を置いて考えた。最後に、ノーマン・ロッキャーが、これらの様々な説明の総括を提唱した。彼は、「星のスペクトルは一生の間変化する。なぜなら、それらは星の進化と結びついた化学組成と温度の変化を反映しているからである」と強く主張した。ロッキャーによると、星は初めは低温で赤いが、しだいに高温で白くなり、そして一生の終わりにふたたび低温で赤くなる（しかし、初期の段階とは異なる状態にあり、そのことは赤い星の二つの型の存在によって説明される）。

スペクトルの中になぜ線があるのか

スペクトルの中に線が見えることに最初に気がついたのはヨゼフ・フラウンホーファーである。彼は次のような奇妙なことに気が付いた。太陽のスペクトルには無数といっていいほどたくさんの線が見える。それればかりではなく、実験室で炎の出す光のスペクトルを見ると、太陽で暗く見えていた線の同じ場所に明るく輝く線が見えたのである。今日では、これは、炎の中にも太陽の大気の中にも、ナトリウム原子があるからであるとわかっている。

ドイツのもう一人の物理学者グスタフ・キルヒホッフは、気体が加熱されるとその気体は同じ波長、すなわち同じ色のところで、輝線としても見えるし吸収線としても見えるということを示した。観察する見方によって変わるのである。様々な色を連続して放出している光源からの光を、加熱したガスを通してみると吸収線が見える。一方、加熱された気体から出る光だけを見ると輝線として見える。

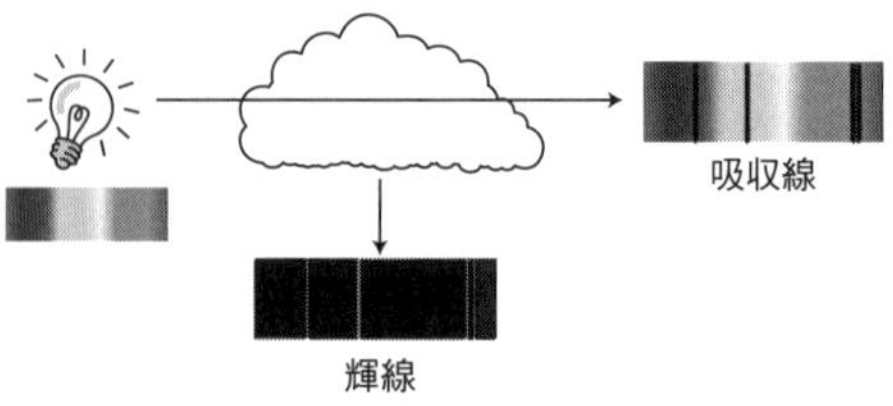

イギリスの科学者ジョン・ハーシェルとウィリアム・ヘンリー・フォックス・タルボットは、色々な種類の高温ガスの炎を調べて、1823年に元素ごとに特徴的な線が確定していることを見出したのである。言い換えると、このスペクトル中の線は一種のバーコードのようなもので、それを使って手の届かない遠方にある天体の化学組成を調べることができるのである。

元素ごとに決まった色、波長が関係することについては、20世紀になってデンマーク人物理学者ニールス・ボーアが作り上げた原子モデルを用いて初めて説明がなされた。物質はすべて原子からできている。各元素の原子は中心にある核と、その回りを回っている電子とで構成されている。この電子の軌道のエネルギーは、任意のエネルギーをとれるわけではなく、原子ごとに決まったエネルギーしかもてない。電子が高いエネルギーの軌道から低いエネルギーの軌道に移ると、そのエネルギーの差に応じた分の光が放出されるし、低いエネルギーの軌道から高いエネルギーの軌道に移動するときには光を吸収してエネルギーをもらうのである。

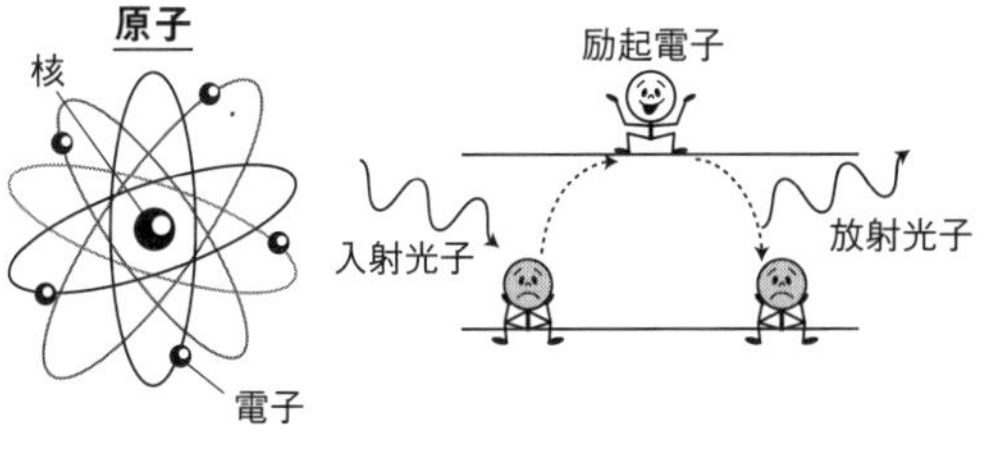

この軌道のエネルギー差は原子の種類で決まっている。したがって、このエネルギー差によって決まる波長の光が、放出されたり吸収されたりするのである。

◉ピッカリングとハーバード天文台の女性科学者たち

アメリカのマサチューセッツ工科大学の物理学教授であるエドワード・チャールズ・ピッカリング（1846～1919）がハーバード天文台長に任命されたのは、星の分類法がまだ明らかになっていない状況においてだった。新しい研究所に赴任して、彼はすぐに深刻な問題に気づいた。天文台は経済的に困窮していたのだ。というのも、当時、天文台には国の助成金も、所属する大学の予算もついていなかったからである。産業界はまだメセナ（企業が行う文化活動支援）を行っていなかったので、存続のためには個人からの寄付をあてにしなければならなかった。そのうえ、ピッカリングは天文台の名声を確かなものにできる研究テーマ、つまり他のアメリカの天文学グループとははっきりと一線を画したテーマを見つけなければならなかった。

急いで現状を把握した後、彼は最優先事項を選んだ。すなわち、星の位置の他に、星の正確な光度も示す星のカタログの製作である。このタイプの最初のカタログは古代にまでさかのぼる。紀元前120年に、ヒッパルコスが数百の星のカタログを作成し、プトレマイオスがこのリストに1000を超える星を書き加え、ヒッパルコスと同じく、星の明るさまたは「等級」に従って分類した（1等星が最も明るく、6等星は最も暗く、かろうじて肉眼で見える）。数世紀を経て、カタログは充実したが、精度が不十分だった。

ピッカリングは、肉眼観測の結果に基づく最初の正確なカタログを出版した。しかし、彼はすぐさま「写真」という新しく有望な技術に頼ることに決めた（彼にそのことを提案したのは、弟のウィリアムだったようである）。初めての機械で、彼は試しに写真を数枚撮影した。それらのうちの一枚を見ると、肉眼では55個の星しか識別されていなかった天空の領域に、写真では472個の星が映っていた。それ以来、ピッカリングは「写真を使わなければならない」と確信したのである。この技法によって、スペクトルであれ、星空の写真であれ、観測結果を簡単に集積することができるようになった。このことから、ピッカリングは、宇宙への深い理解を生み出すのはデータの集積であると強く確信した。

しかし、それらは何もかもひどく高くついた。性能の良い望遠鏡を購入し、それを設置する天文台を建設し、最後に、得られた大量の陰画《ネガ》を精査する人員に給与を支払うための資金が必要だったのである！　そこで、ピッカリングは資金の調達先を探し始めた。1887年、高地に天文台を建設するために、彼はボイデン基金の助成を受けた。ボイデン基金は、アメリカの裕福な技師で実業家のユーライア・ボイデンの遺言によって設立されたものである。高地では、空はより澄んでいるのである。最初ピッカリングは、カリフォルニアに天文台を建設しようと考えた。カリフォルニアは、後年ウィルソン山天文台を受け入れることになる場所である。しかし、結局彼はペルーのアレキパに建設することに決めた。続いて、彼はチリと南アフリカにも同じように観測所を建設することになる。光学機器の製作のために、彼はほんの少し風変わりではあるけれども裕福なある年配の女性、キャサリン・ウルフ・ブルースに出資を懇願した。そして、彼女の多額の寄付のおかげで、彼は「ブルース望遠鏡」を設置することができた。望遠鏡は1893年に完成して、1957年まで使われることになったのである！

天文台そのものの運営を保証する資金を見つけるという課題がまだ残っていた。そこでもまた、ピッカリングは、ヘンリー・ドレーパーの未亡人であるメアリー・アンナ・パーマー・ドレーパーのもとでついに資金の調達先を見つけた。ピッカリングは彼女の亡き夫をよく知っていた。ヘンリーは、天体写真術のパイオニアである一族の出身（父親が月の銀板写真を世界で初めて撮影した）で、1872年に恒星のスペクトル、すなわちベガのスペクトルの写真を世界で最初に撮影した人物である。妻の助けを得て（原注2）、この教養ある医者であるヘンリーは、趣味であった天文学に専念するために、すぐに自分の患者たちを見捨ててしまった。残念なことに、ヘンリーは1882年に若くして亡くなり、未亡人となったメアリーには、多額の遺産が残された。ヘンリーが天文学に捧

（原注2）彼らの「新婚旅行」は、要するに新しい望遠鏡製造用のレンズを選ぶための、街での探索だった。続いて、ドレーパー夫人は、天体観測と科学的分析に協力することによって、夫を大いに手助けすることになる。

げた生涯を永遠に記念する事業に、この遺産を使おうと彼女は決めていた。ピッカリングはこのチャンスに飛びつき、彼女に「ヘンリー・ドレーパー記念事業」の創設を提案した。1886年、彼女はピッカリングの懇請に折れた。

この記念事業が、新しい大がかりなカタログの作成を可能にしたと考えられている。そのカタログの中で、星はスペクトルに従って分類されることになる。ピッカリングは、ある同じ領域のすべての星のスペクトルを、一枚の写真乾板の上に一度に記録できる光学系を使った。それは一度に一つの星のスペクトルを苦労して撮影するよりもはるかに速かった。写真機の力は明白だった。星のスペクトルの最初のカタログは、1883年にヘルマン・カール・フォーゲルによって作成され、4000個の星が識別されていたが、フォーゲルは目視による観測に20年間かかった。ピッカリングは、一枚の写真乾板の上に200のスペクトルを記録するのに数分しかかからなかった。たった1年間で、彼はフォーゲルの記録を追い抜いたのである。

しかし、観測によって得た驚くほど膨大なデータを精査するために、ピッカリングは人員を必要としていた。細部に注意を払い、忍耐強く、昇進を追い求めず、型にはまった仕事を嫌がらず、そしてとりわけ賃金の安い人員を！　この人員を、彼の大半の出資者と同様に、ピッカリングは女性の中から見つけることになる。彼はこう述べた。「女性は多額の給与をもらっている男性と同じように、型にはまった仕事をうまく成し遂げることができる。同じ総額で、3倍から4倍多く助手を雇うことができる」。これらの女性たちは、時給25セントから35セント（訳注1）で、けっして不平も言わずに、自分たちが仕事に適性があることを示した。その仕事を、彼女たちは別の職のために突然辞めたりしなかった。彼女たちは週6日、1日7時間（もし希望すれば5時間は天文台で、2時間は自宅で）働いたのである。しかし、もちろん、彼女たちには天文学者の肩書きはなく、女性参政権も認められない低い立場で取り扱われた時代であった。こうして、1875年（最初の女性たちが雇用された年）から1919年（ピッカリングの死亡）までの間に、45名の女性がハーバード天文台に雇われることになる。ハーバード天文台は、女性雇用の先駆けになったのである。

最初、これらの女性協力者は選り抜かれた人たちであった。まずは、かつての天文台長の娘たち

図3-1 「ピッカリングのハーレム」。前列左から右へ、アービル・ウォーカー、ヨハンナ・マッキー、アルタ・カーペンター、マーベル・ギルとイダ・ウッズ。後列左から右へ、マーガレット・ハーウッド、モリー・オレイリー、エドワード・ピッカリング、エディス・ギル、アニー・ジャンプ・キャノン、エブリン・レランド、フローレンス・クッシュマン、マリオン・ホワイトとグレース・ブルックス。

（訳注1）この時給は、工場労働者よりは多いが男性一般事務職（時給約1ドル）より安い金額であった。

が雇用されたが、彼女たちの仕事内容は限られていた。しかし、早くも1886年に、パイオニアとなる女性たちがその有能さを示し始めたので、ピッカリングはチームを拡大して、彼女たちの仕事量を増やした。今や彼女たちは写真乾板を調べ、測定し、データを整約する仕事をこなすようになった。ピッカリングは、天文学において（広く科学一般の分野においても）女性を雇用した最初の人物だが、非常に有能な彼の「ハーレム」（訳注2）に大いに満足していた。彼は同僚に自分を手本とするように勧めさえするだろう。彼が自分の「娘たち」をとても上手に、彼女たちをあたかも対等であるように扱ったことに言及しなければならない。彼は彼女たちに極めて礼儀正しい態度をとり、社交界のレセプション会場と同じように言葉をかけ、また、彼女たちのオフィスが快適で設備が整っているように取り計らった。彼は毎日それぞれの成果（分類された星の数と調べた写真乾板の枚数など）をチェックした。というのも、彼は自分のチームの効率性にとても気を配ったからである。

（訳注2）ピッカリングを助けた女性の助手たち。現代ではやや蔑称と受けられるが、当時は皮肉を込めてこう呼ばれていた。

軌道計算の先駆者ニコル＝レイヌ・ルポート

女性が計算に長けていて「コンピューター」と呼ばれるほどであることは、昔から知られている。ハーバードの「ハーレム」以前の最も有名な「コンピューター」たちの中から、フランス人のニコル＝レイヌ・ルポート（１７２３〜１７８８）を例に挙げよう。彼女は数学者としての天分を備えていたため、最初は夫を助け、次にはパリの物理学者たちの計算を助けた。夫の計時論という論文の一部、例えば、その中の振り子の振動表などは、彼女が書いたものである。

彼女はアレクシス・クレローとジェローム・ラランドとともに、ハレー彗星の回帰日の予想に成功したことでも知られている。エドモンド・ハレーは、ニュートンの法則に従ってハレー彗星の回帰日を計算したが、木星や土星といった大きな惑星が彗星の軌道に与える影響を取り入れることができず、予想は外れた。ルポート

ニコル＝レイヌ・ルポート。

は、手計算で二つの巨大惑星の軌道の影響を150年間分計算し、見事に予想を的中させたのである。この成功は次の仕事を生み出し、彼女の計算能力の評価はさらに高まったのである。1764年の金環日食の予報、1769年の金星の日面通過の予報などが彼女の業績である。彼女は生涯を紙の上の計算で費やしたため、ほぼ失明状態でその一生を閉じたのである。

フランスでは

天文の分野では、ハーバードの女性計算者グループの分身といってよいものが、パリ、ボルドー、トゥールーズで19世紀終わり頃にできていた。天体物理学で博士号を得た最初の女性ドロテア・クルンプケが、そのグループに所属していた。

女性たちの協力のおかげで、ピッカリングは彼の時代で最大の学術計画の一つを成功させた。すなわち、『ヘンリー・ドレーパー・カタログ』(一般にHDと略される)と呼ばれる天体カタログの作成である。ヘンリー・ドレーパー・カタログは新しい分類法にのっとっており、今日なお使われている。このカタログは、ハーバードの女性たち、特にそのうちの3名によってまとめられたのである。すなわち、ウィリアミナ・パトン・フレミング、アントニア・カエタナ・モーリ、そしてアニー・ジャンプ・キャノンである。

・ウィリアミナ・パトン・フレミング

ウィリアミナ・パトン・フレミングは、1857年5月15日、スコットランドのダンディで生まれた。ウィリアミナは、熟練の彫刻家ロバート・スティーヴンスと、写真術の先駆者メアリー・ウォーカーの娘で、自分の村で学業を修めた。教師になったとき、彼女は14歳になったばかりだった。当時、この職業に従事するために学位は必要なかったのである。1877年、この学識あるスコットランドの女性は、ジェームズ・オア・フレミングと結婚し、1878年12月に彼とともにア

図3-2 ウィリアミナ・パトン・フレミング。

メリカのボストンに移住した。しかし、ジェームズは、アメリカでの生活に有頂天になってしまい、1年後に彼女を捨ててしまった。そのとき、彼女は二人の初めての子を妊娠していた。

一人ぼっちで、身重で財力もないので、ウィリアミナは自分で家計を支える決心をした。彼女はある裕福な紳士の家でメイドの仕事を見つけた。その人物は、エドワード・チャールズ・ピッカリングその人だったのである。ピッカリングは、すぐに新しいメイドの並外れた頭の良さを認め、天文台でのパートタイムの仕事を彼女に与えた。職員たちの仕事ぶりに不満を抱いていたピッカリングが、「私のメイドは君たちよりも良い仕事ができる」と言い放つほど、彼女の仕事ぶりを褒めた。ウィリアミナの方は、ピッカリングが恩恵を与えてくれたことに深く感謝した。彼女は、寛大な雇い主に敬意を表して、息子にエドワード・ピッカリング・フレミングと名付けるほどであった。

最初、ウィリアミナは天文学者という新しい仕事をネティ・A・フェラーと一緒に教わった。ウィリアミナは、星の等級や位置を測定したり、それらのスペクトルを分析したりすることを覚えた。しかし、すぐに彼女は独力で続けなければならなくなった。というのもフェラーは、ピッカリングから、ヘンリー・ドレーパー記念事業に取り組むという困難な仕事を任されていたのだが、1886年の末に結婚することに決めたので、当時の慣わし通り、仕事を断念したのである。

早くも1881年に、ウィリアミナは天文学に没頭するために、メイドのパートタイムを辞めることにした。というのも、彼女は、ハーバードのハーレム・チームの中で常勤のフルタイムの仕事を得たからである。すぐさま、ピッカリングは彼女に重要な任務を託した。彼女は、ヘンリー・ドレーパー記念事業の責任者となり、彼女が丁寧が索引をつけた壊れやすい写真乾板の保管と、女性チームの業務の監督をするようになった。正真正銘の天文台長の右腕として、彼女は天文台の出版物（『ハーバード年報』）を滞りなく準備し、校正刷りを読み返し、それらの印刷をチェックした。天文台の新職員の雇用契約を担当したのもまた、彼女である。しかも、彼女はさらに、女性の地位向上のために全力を注いだ。彼女は、女性たちが科学の分野で活躍できるよう幹部たちを説得し続けた。そのために講演を行い、学術論文を次々と出版した。自分自身が先頭に立って、女性の科学的能力を実証するためでもあった。ピッカリングの方でも、自分のハーレム・チームの様々な功績に賛辞を述べて、彼女を援護することになる。それに、女性は生まれつき、天文学に従事する素質があると、彼女は確信していた。

　こうした活動すべては、彼女の研究の成功の妨げにはならなかった。ピッカリングの要望に応えて、彼女は新たな星の分類法を考案した。熟慮の末に、彼女は星々をAからOまでの名をつけた14のグループに分類することに決めた。表記の混乱を避けるために、「J」型は省略した。当時の学術言語のドイツ語では、印刷物の活字の「J」と「I」の書体が、そっくりだったからである。そして、彼女は「P」と「Q」二つの型を加えた。彼女はそれらの型を特殊な事例、すなわち、他のどんな星にも似ていない星に割り当てた。彼女の分類の基準は、アンジェロ・セッキよりもより入

（原注3）長周期で表面が脈動する、晩期の低質量星のことである。

（原注4）特殊なスペクトル（非常に強く、極めて幅の広い輝線によって構成されている）に属するこれらの星は、1867年にシャルル・ウォルフとジョルジュ・ライエによって発見され、後に「ウォルフ・ライエ星」と名づけられた。今日では、外層が吹き飛ばされている最中の、進化し、かつ非常に高温の大質量星であることが知られている。これらの星は超新星爆発を起こして寿命を終える。

念に作り上げられていたが、まだ（現代の分類法に比べて）単純なままだった。分類基準は星のスペクトルにおける水素原子スペクトルの強度に立脚していた。すなわち、「A」型の星は最も強いスペクトルを示し、B、C、D…と続く型では、次第に弱まっていくのである。カタログの製作のために、写真上での大きさが1センチメートル以下の星のスペクトルを走査して、ウィリアミナは1万個以上の星をこの新しい基準に従って分類した。カタログは１８９０年に刊行された。彼女は途中で投げ出したりはしなかった。彼女は、ミラ型（原注3）の星のようないくつかの変光星は、非常に特殊なスペクトルをもっており、したがって、それらのスペクトルをただ一目見るだけで、変光星を見つけることができることを明らかにしたのである！　こうして、彼女は３００個を超える新しい変光星を発見し、そのうち、サブグループの２２０個の天体を、より詳しく調査する仕事も行った。

この困難な分光学の仕事の外に、ウィリアミナはまた、59個の星雲と、彼女の存命中に知られていた１０７個のウォルフ・ライエ型の星（原注4）のうち94個、そして亡くなる前に発見されていた28個の新星（原注5）のうち10個を発見した記録をもっている。スペクトルだけに基づいた仕事のリストに、奇妙な星（後に炭素星など組成異常な星と判明する）や白色矮星の発見を加える人々もいる。しかし、彼女の仕事はそれだけに留まらなかった。彼女を称賛する同僚の一人が思い出で語るところによると、彼女はまた、息子の教育をしっかり行ったり、料理や掃除をしたりと（男性が帰

（原注5）いくつかの連星では、「普通の」星と白色矮星がペアとなっている。白色矮星は太陽型の星が死んだあとに残る天体で物質密度が極めて高く、強力な引力で周りからガスを吸い込む。これらの連星では、「普通の星」から白色矮星に物質が降着し、爆発的な核反応が始まる原因になっている。つまり、一瞬にして、連星の光度が1万倍あるいはそれ以上に増すのだが、かつてそれは、新しい星（ラテン語では「nova stella」）の出現であると信じられていた。

宅したときにはすでに終わっている）あらゆる仕事をしなければならなかった。それでも、彼女は完全に同時に二つの役割を果たした。申し分のない視力に恵まれて、彼女はハーバードで「家で細かな針仕事がふさわしいのと同じぐらい、天文台では接眼レンズでスペクトルの詳細を見るのがふさわしい」と認められていた。そのうえ、ウィリアミナは時折自分の余暇を楽しんだ。ハーバード・イレブンという地域のサッカーチームの応援に行くために。

しかし、それらの働きぶりにもかかわらず、彼女が世間から認められたというわけではなかった。1898年、ピッカリングは彼女を「天体写真管理部長」に任命させることに成功したが、ブルース・メダル（キャサリン・ウルフ・ブルースの寄付によって創設された。同じブルースの資金が、ハーバードの望遠鏡建造に役立てられたのである）を彼女に授与させることはできなかった。かろうじて、亡くなる直前に、彼女はメキシコ天文学会の金メダルを受賞することになる。ピッカリングを悲しませたことには、アメリカ国内で女性に褒賞を与えるなど論外だったのである！　このように認められなくても、ウィリアミナの情熱は衰えなかった。30年間働いて、彼女の欠勤は数日しかなかった。

彼女の晩年は、辛いものだった。というのは、健康状態が少しずつ悪化していったからである。彼女は、何度も手術を受けなければならなかった。見かけでは、彼女はそれらの手術からすぐに回復したように見えた。天文台での仕事を中断するなど、論外だったからである！　1910年9月、彼女は太陽研究連盟の会合に行った。彼女は疲れて戻ってきたが、その後一度も休みを取ろうとしなかった。この間に、二つの新星を発見できて、彼女の頑張りは報われた。ほとんど伝説になっているこの一徹さは、生まれによるものかもしれない。というのも、彼女は勇将ジョン・グラハム・オブ・クレーバーハウスで有名なグラハム家出身だからである。一族の偉業の中でも注目したいのは、彼女の曾祖母が、気丈にも戦場で祖父を産んだことである。もっとも、曾祖父は少し後に殺されたのではあるが。

1911年5月上旬、ウィリアミナはいよいよ具合が悪くなった。人々は彼女をすぐに病院に搬送した。病院で、彼女は絶対安静を命じられた。実際、彼女は危篤状態だった。ほどなく、彼女は肺炎に冒されて亡くなった。1911年5月21日のことである。亡くなったとき誰もが彼女の業績を褒め称えた。彼女は『ハーバード年報』の何巻分も埋め尽くすほどの多くの論文を残した。『ハーバード年報』は、彼女にとってとても大切なものだったのである。

●アントニア・カエタナ・モーリ

1866年3月21日、アメリカ・ニューヨーク州ハドソンのコールド・スプリングに生まれたアントニア・モーリは、ミットン・モーリと、ヘンリー・ドレーパーの妹ヴァージニア・ドレーパーの娘である。アントニアは、多くの分野において早熟な頭の良さを示した。例えば、彼女の父親がラテン語を教えたので、早くも9歳からウェルギリウスのラテン語の文章を読むことができた。少し後には、彼女は化学の実験で伯父のヘンリーを手伝うこともできた。それで、両親は、彼女は研究を続けるべきだと判断した。一家はたいそう裕福だったので、わずかな大学しか女性を受け入れなかった時代に、彼女は大学で学業を修める機会を得た。1887年、彼女はヴァッサー大学で、理学（科学・数学）の学士号を取得したのである。

彼女をハーバードに入れたのは父親だった。娘が大学を卒業した年に、彼はピッカリングに電話をした。表向きはヘンリー・ドレーパー記念事業の進捗の近況を知るためだったが、実際はアントニアを雇うように圧力をかけるためだった。最初、ピッカリングはひどくためらった。時給25セントの給与は大卒の男性（あるいは女性）にふさわしくないと思ったからである。そこで彼は、ドレーパー夫人に相談した。夫人は自分の姪を雇わないように勧めた。それにはいくつも理由があった。まず、義弟ミットンは、娘の人生を本人には何も聞かずに決めてしまう傾向があり、たぶんアントニアは天文学を少しもやりたくないだろうし、それに、彼女はヴァッサー大学で教鞭をとるための訓練を受けたので、天文台での型通りの仕事にうんざりするのではないかとドレーパー夫人は心配したのである。

それゆえ、ピッカリングはこの話が実現するとは思っていなかった。ところが、父親の企てを聞いたとき、アントニアは素晴らしいアイデアだと思い、天文台長であるピッカリングに手紙を書いてヘンリー・ドレーパー記念事業の仕事に参加したいと頼んだ。しかし、彼女は仕事を始める前に数週間の猶予を求めた。ピッカリングはもちろん快諾したが、アントニアから便りがないままだったので、彼女は考えを変えたのだろうと思い、ドレーパー夫人に問い合わせをした。姪に対する夫人の態度は、普段あまり好意的ではなかったが、このときはアントニアを擁護することに決めた。彼女はピッカリングに辛抱してほしいと頼んだ。というのも、アントニアは家族全員が住める新しい家をハーバード天文台近くに探さなければならず、自分の時間がなかったからである。1888年、ついにアントニアは天文台に加わった。数週間も経つと、アントニアが仕事に熱中しているとピッ

図3-3 アントニア・カエタナ・モーリ。

カリングは見て取った。彼はドレーパー夫人に、彼女の姪にとても満足していると手紙を書いた。

まず、ピッカリングはアントニアにシリウスのスペクトルを調査するように命じた。彼女は500本以上の弱いスペクトル線(ドレーパーによって作られた最初のスペクトル写真では数本のスペクトル線しか見えなかった)を発見した。それで、アントニアには分光学の素晴らしい才能があることがわかったので、ピッカリングは天の北半球でもっとも明るい星々の高解像度でのスペクトル解析を彼女に割り当てた。しかしアントニアはあまりにも頭が良かったので、型通りの仕事では満足できず、また注意深かったので、正確かどうか確認しようとそれぞれの部分を何度となく調べ直した。一方、ピッカリングは迅速で正確な仕事ぶりを好んでいたのである! 毎日、彼は自分の「娘たち」が処理した恒星の数を尋ねて仕事を督促するのが習慣であった。アントニアの態度は、観測よりも理論を重視していたので、天文台の円滑に動く仕事の流れとは全く合わなかった。それゆえ、対立は避けられなかった。ピッカリングとアントニアの関係はしだいに冷えていき、アントニアは退職の意思を伝えた。早くも1889年に、彼女の父親はピッカリングに、娘をカナダのノヴァスコシア州の自然史博物館の学芸員に推薦するように頼んだ。ピッカリングがそれを実行したかどうかはわからないが、アントニアはその職を得られず、星に専念し続けることになった。彼女にとって、ハーバードの雰囲気は重苦しくなった。1891年、アントニアはついに耐えられなくなって、教師になるためにハーバードを去った。

しかし、ピッカリングは北半球の星の分類と解析を完了させたいと望んでいた。そこで、彼はアントニアに手紙を書いた。彼女は、自分が始めた仕事を自分で完了させるか、あるいは他の誰かに譲り渡すことを承諾しなければならなかった。1892年3月、彼女は事務的に返事をした。分類は自分で終わらせるが、その研究を出版するときには、今後彼女の名前を明記するように要求したのである。当時、出版物には「コンピューター」と呼ばれた女性たちへの単なる「型通りの謝辞」が掲載されるだけで、彼女たちの名前を巻頭に掲載する習慣はなかったからである。アントニアは教師の仕事を辞めて、1893年の春にハーバードに戻った。彼女の伯母ドレーパー夫人は、この突然の復帰に冷ややかな反応を示した。アントニアの仕事の質にほとんど心を動かされていなかったし、この伯母は一族の名声にしか興味はなかったので、ピッカリングに姪を自身とは無関係の人間として扱うようにも勧めた。彼女は、ピッカリングが姪を追放してくれたらほっとします、と付け加えもしたのである！

1894年の終わりに、アントニアは激務のために激しい疲労に見舞われた。そのうえ、彼女はピッカリングから常に仕事を督促されて重い負担を感じていた。そこで、彼女はふたたび天文台を去ることに決めた。彼女の父親は天文台長ピッカリングに抗議の手紙を出し、娘を虐めているといって責めた。ピッカリングの過大な要求に戸惑って、アントニアは自分の健康問題について説明し、分類が遅れていることを詫びて、許してもらおうとした。しかし、彼女はすぐ後の1895年1月にアメリカを離れ、その年の12月になるまで郷里に戻らなかった。それから彼女はおとなしく天文台に復帰して、ようやく自分の研究（北半球の星のカタログ作成）を終わらせた。研究は１８９７年に刊行され、彼女の名は著者として記載されたのである！

新しいカタログでは６８１個の輝線スペクトル星の分類が見直されたが、ウィリアミナ・フレミングによって作られた分類法には立脚していなかった。ウィリアミナの分類法は、アントニアが分析した高分散のスペクトルには適合しないことがわかったので、アントニアは新たな分類法を作った。その分類は、星のスペクトル線の種類とその強さによって22個の型に細かく分けるものであった（訳注3）。例えば、1番目から6番目の型には、青白い星が含まれ、それらのスペクトルには強いヘリウムのスペクトル線と数本の酸素、窒素、ケイ素のスペクトル線が存在する。7番から11番目の型は、セッキの分類のⅠ型に相当する。それらの型には、はっきりした水素のスペクトル線があるがヘリウムのスペクトル線はほとんどなく、弱い金属スペクトル線をもつ白い星に割り当てられた。セッキのⅡ型はより細かく分けられて12番から16番目の型に対応する。それらの型は太陽に類似した黄色い星が取り上げられており、それらのスペクトルは7番から11番目の型の星と比べると、弱い水素のスペクトル線とはっきりした金属スペクトル線が目立っている。17番から19番目の型（セッキのⅢ型に対応）には、赤色から橙色の星が収められ、それらのスペクトルは強いカルシウムのスペクトル線と吸収線帯スペクトルをもっている。それに対して、20番目の型には変光星が

（訳注3）アントニアの分類の型は、ローマ数字を使って表されているが、本書ではその表記は省略した。

まとめられている。21番目の型（セッキのⅣ型）には赤い星が取り上げられており、それらのスペクトルは炭素による吸収線帯スペクトルが目立っている。最後に、22番目の型では、輝線スペクトルをもつ恒星、とりわけウォルフ・ライエ星が含まれている。

しかし、それだけではなかった。アントニアは非常に観察力にたけていたので、ある同じ型であっても、スペクトル線の幅が異なるものがあると気づいていた。アントニアは、このような相違は、それらの星の物理的特性が根本的に違っていることを反映していると確信した。そこで、こうしたサブグループを区別するために、彼女は分類の中に、a、b、c3文字によって三つの追加「区分」を付け加えることを提案した。

・aは「標準の」場合、すなわちスペクトル線が幅広く明確である事例に対応する。
・bは、スペクトル線が幅広く非常に不明瞭だが、a型の星と同じスペクトル線が見える場合である（原注6）。
・cは、ヘリウムと水素のスペクトル線が細く非常に明瞭で、それら以外の元素のスペクトル線がaやbよりも強くなっているものがある場合である。

22の型と三つの下位区分にスペクトルを分類する新たな方法は複雑で、使うのは難しかった。そ

（原注6）今日、これら「b」の星々の大半は分光連星であり（104ページを参照のこと）、それによって変則的な幅のスペクトルの説明がつく。つまり、観測されたスペクトルは、実際は異なる星の二つのスペクトルが重なったことによって生じたものなのである！

の方法を使うためには、スペクトル線を解析するときに大きな注意を払う必要があった。スペクトルはいかなる場合でも非常に高品質で、かつ高解像度でなければならなかった。というのも、実際上スペクトル線の幅の測定は陰画《ネガ》の品質と観測者の判断にかかっているからである。ピッカリングにとって、彼が期待する型通りの作業にとってこの方法はほとんど実用的でなく、あまりにも間違いを犯しやすいものだった。そこで、彼はその方法をあっさり却下した。

しかし、誰もがピッカリングのように頭ごなしに決め付けたわけではなく、アントニアの分類法は、とりわけアイナー・ヘルツシュプルングの注意を引いた。１９０５年、このデンマークの天文学者は、星の絶対等級(訳注4)を測定しようとした。そうするために、彼は星の距離を知る必要があったが、これを推算するのは非常に難しかった。ヘルツシュプルングは、ある星が近いほど、１年間でその見かけの位置が大きく変わるであろうと考えて(訳注5)、星々の距離を求め、次いで絶対等級を求めた。絶対等級がわかると、その星が放射する光の全エネルギーがわかる。これを星の光度という。彼は、白い星は常に大きな光度をもつが、赤い星は大きな光度を示すものもあれば、逆に、小さな光度しかもたないものもあることを発見した。初め、彼は自分の結果にあまり自信がもてなかった。というのも、同じ色の星々の間のこうした違いは、それらのスペクトルの中に表れるはずだろうし、科学文献の中にこの種の効果を示唆するものは当時全く存在しなかったからである。ある日、彼は１８９７年に発表されたアントニアの研究をたまたま目にして、「ｃ」区分に属する星

(訳注4) 本来同じ明るさの星でも、地球からの距離によって見かけの明るさは異なる。遠くにあればあるほど暗く見える。すべての星が、仮にある一定の距離(天文学的には10パーセク、言い換えると太陽地球間距離の約200万倍の長さ)に置いたときの見かけの明るさを絶対等級と決めて、星本来の明るさを示す量と考えている。

(訳注5) 腕を伸ばして1本の指を見る場合を考えてみる。右目だけで見る場合と左目だけで見る場合を比べると、背景に対して指の位置はずれて見える。このずれは、指が近くにあればあるほど大きい。言い換えると、離れた2地点から、あるものを観察した時に、両地点からの見え方のずれを測れば距離が出せるということである。このことを

はまさに赤い光度の大きな星そのものであるとわかったのである。感激して、彼はピッカリングに何度か手紙を出し、その基準の重要性とアントニアの研究の素晴らしさを力説した。彼は、ハーバードの研究でこの指標がもはや用いられていないことに驚いた。彼はアントニアの研究を「フォーゲルとセッキの研究以来、恒星分光学における最大の進歩」と呼んだのである。彼は、「恒星分光学において「c」の特性を無視することは、クジラと魚の間に決定的な違いを見つけたのに、まとめて分類し続ける動物学者にたとえられると私は思う」とも付け加えた。しかし、ピッカリングは自説に固執した。つまり、この微に入り細をうがつこれらの特徴すべては、観測の質に依存するし、そしてそれを無理に分類するときに起こる誤りによるのだと。しかし、「c」区分の立場のいま一人の擁護者であるヘンリー・ノリス・ラッセルが、論争に参加した。ヘルツシュプルングとは独立に、彼は同じ結論に達していた。すなわち、赤い星には明るく輝くものと、ほとんど輝かないものがあるのだと（原注7）。二人の天文学者の主張は、報われることになった。1922年、IAU（国際天文学連合）は、第1回総会のときに、「c」区分を正式に採択したからである。

　カタログを刊行した後、アントニアはふたたび職を離れた。彼女は、あるときは一般大衆向け、あるときは本職の天文学者向けの講演を行った。また、個人的に天文学の弟子を迎えた。しかし、副業を続けながらも、彼女は時々ハーバード天文台での研究に戻らずにはいられなかった。例えば、1908年、連星研究のために天文台に戻っている。連星のことに、彼女は精通していた。例えば、

星の世界に適用してみる。地球は太陽の回りを公転している。ある星を夏と冬に観測して、遠い背景の星々に対して見える位置がどれだけずれるかを測る。これは、太陽地球間の距離の2倍の距離だけ離れた2地点からみて見え方のずれを測ることに対応する。ずれが大きければ近くにあり、小さければ遠くにあるということになる。

（原注7）この証明がHR図作成の基礎になる。（章末の囲み記事参照）。

ピッカリングはミザールAが時折二つのスペクトル線を示すことを指摘した。アントニアは、この観測記録を裏づけ、この二つの線は周期的であることを示し、その現象の周期の測定を試みた。すぐ後で、彼女はぎょしゃ座ベータ星が同じ奇妙な運動をすることを発見した。実は、これら二つの連星は分光連星である（図3－4参照）。アントニアはまた、他の風変わりな星、例えば近接連星（すなわち二つの星がとても近い連星）のこと座ベータ星についても研究している。

ピッカリングが1919年に亡くなると、彼の後継者は天文台の財政状況が再び悪化したことを実感した。もは

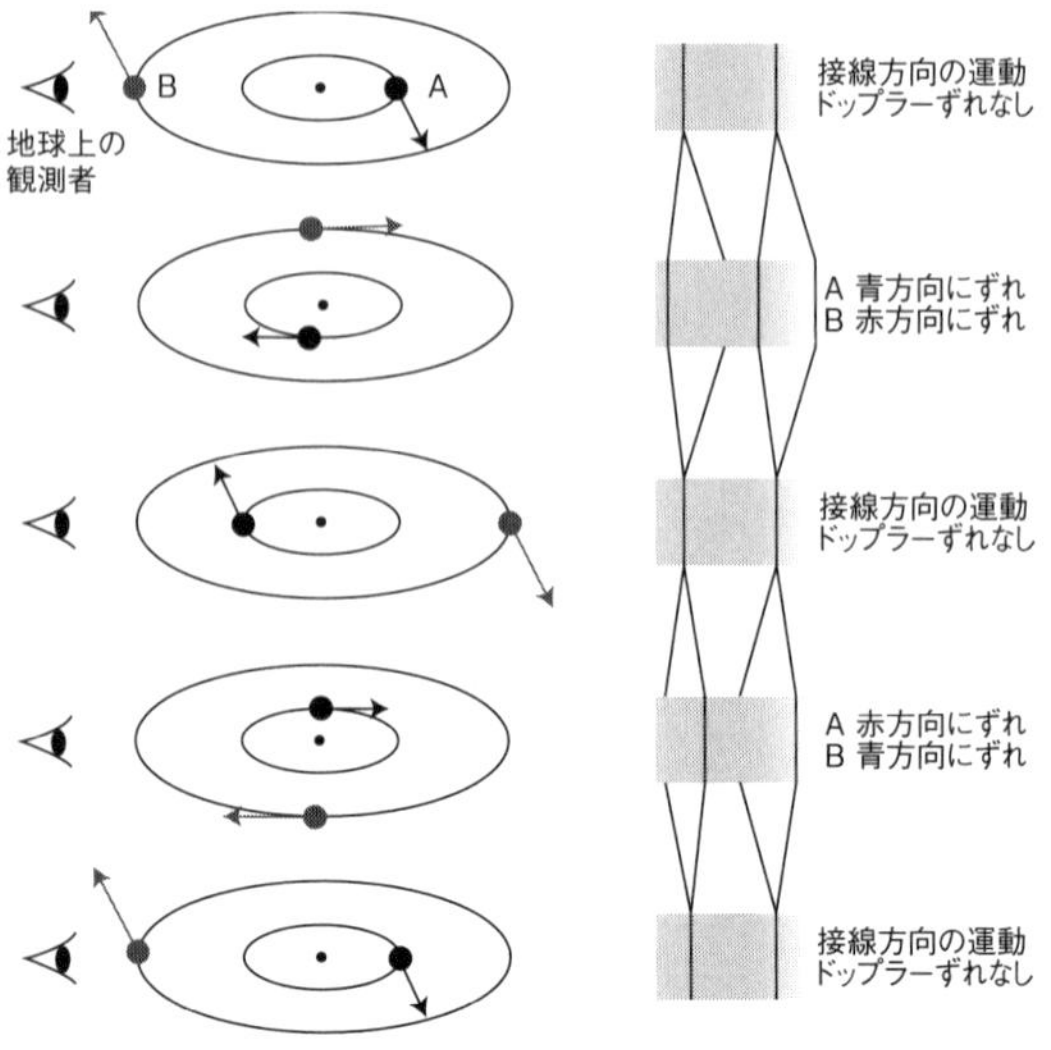

図3-4　分光連星のスペクトルは、それぞれの星が回転しているため、それぞれの星の吸収線がその周期に合わせ時間変化する。

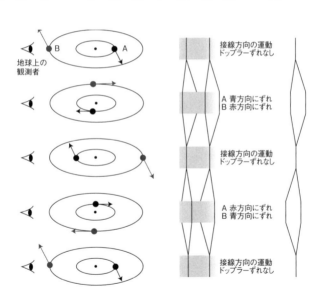

やアントニアのとても変則的な数時間の仕事に給与を支払える状態ではなくなったのである。新天文台長は、アントニアのためにカナダのブリティッシュコロンビア州ヴィクトリアの天文台の職を斡旋しようと試みた。ヴィクトリアの天文台長は、この有名な女性天文学者を迎える提案をとても喜んだ。しかし、53歳のアントニアは、そこで遭遇するかもしれない困難や、カナダの高い生活費を心配した。そのため、彼女は退職をせず、ハーバード天文台から離れないことに決めた。しかし、ほぼ無給の状態であった。幸いなことに、1920年、彼女はピッカリング特別奨学金を受給でき、その奨学金で一時期研究を続けることができた。同時に、彼女はいたるところで講義や講演を行い続けた。1920年代に、彼女はヘイスティングス＝オン＝ハドソンにあるヘンリー・ドレーパーを記念した博物館の責任者になった。しかし、彼女は心の底ではいつもハーバードに帰りたかったのである。1948年に引退するまで、彼女は時々ハーバード天文台に戻り、研究成果を刊行するという生活を送った。

鋭い知性と傑出した「問題を発見する嗅覚」（ハーバード天文台の後輩セシリア・ペイン＝ガポシュキンによる評価）に恵まれながら、絶え間なく組織と衝突したために、アントニアは結局ハーバード大学からあまり評価されることはなかった。しかし、彼女はいくつもの天才的な勘をもっていた。すなわち、「分ける」という発想に加えて、彼女はまた、オリオン大星雲のようなガス星雲の中に観測される星は、若い星であると理解していた。分類作業から一歩進んで星の物理的な性質を推測し始めていたのである。たった一つだけ褒賞が彼女に与えられた。それは、１９４３年（そのとき彼女は77歳だった！）のアニー・ジャンプ・キャノン賞である。１９５２年1月8日、彼女は（ほとんど）誰も関心を示さない中で、亡くなった。

●アニー・ジャンプ・キャノン

アニー・ジャンプ・キャノンは、１８６３年12月11日にアメリカのデラウェア州ドーヴァーで誕生した。父親のウィルソン・キャノンは裕福な造船業者で、政界に進出して上院議員になった。母親のメアリー・ジャンプはウィルソン・キャノンの二度目の妻で、彼との間に3人の娘をもうけることになる。クエーカー教徒でアマチュア天文家の母親は、幼い頃から長女アニーに星座を識別することを教えて、宇宙への愛好心を伝えた。アニーは家の屋根裏部屋に間に合わせの天文台を作り、蝋燭《ろうそく》のほのかな光で丹念に観測記録を書きとめた。ウィルソン・キャノンは、すぐに娘の才能を認めて、学業を修めるように後押しした。こうして、17歳でアニーはウェルズリー大学に入学し、１８８４年に物理学の学士号を取得した。彼女は天文学の学位の方がよかったのだが、当時はまだ存在しなかったのである。卒業後、彼女はおとなしくドーヴァーの実家に戻ることに決めた。

しかし、実家に引き籠る生活は血気盛んなアニーには向いておらず、彼女は静かに耐えていた。その間に彼女は病気になり、猩紅熱《しょうこうねつ》のために難聴になってしまった。1892年、ようやく彼女は旅行をしたいという渇望を満たすことができた。その年、彼女は日食を観測するためにスペインに赴き、それを利用して、カメラを手にヨーロッパを旅行した。彼女は、古代ローマの遺跡やスペインのモスクを誇張して描写した、勇壮な散文のカメラルポを書き蓄えていった。帰ってくると、彼女は『コロンブスに倣《なら》いて』というタイトルで無料配布用の小冊子に記事をまとめた。その小冊子はブレア・カメラ・カンパニーによって、1893年のシカゴ万国博覧会で配られたのである（原注8）。

そのような旅行のあとで実家に戻るのはあまり嬉しくなくて、自分が「よそでもっと多くのことができる」（例えば、自立し生計を立てるために教

図3-5 アニー・ジャンプ・キャノン。

（原注8）彼女の旅行熱が冷めることは決してなかった。例えば、彼女はアメリカ天文学会とIAU（国際天文学連合）の会合は一度も欠席することはなかったし、1922年にはアレキパ天文台で6か月間過ごした。彼女はその機会を利用して、チチカカ湖とクスコのインカ遺跡を訪問することになる。

鞭をとる）策も考えたが、家を離れるわけにもいかず、アニーはドーヴァーで悩み苦しみ続けた。1894年に母親が亡くなると、彼女は大学に戻ることに決めた。10年間不在だったにもかかわらず、彼女は難なくウェルズリー大学で助手として雇われ、1896年にはアメリカで実施された最初のX線に関する実験に参加した。しかし、それだけでは満足できなかった。というのも、天文学に対する若き日の熱狂に再び捉われたからである。そのため、彼女は天文学の学位を取得するためにラドクリフ・カレッジで講義を受けることに決めた。それで、彼女はピッカリングに面会したところ、彼女の学科講習を補完するために、ピッカリングは親切にも彼のもと、つまりハーバード天文台での実地観測に来るようにと勧めた。早くも1896年2月に、彼女は空き時間のすべてをそこで過ごし、その年の終わりには、天文台の常勤のメンバーになるために、ウェルズリーでの職を辞した。研究を続けながら、彼女は日中の5時間をハーバードで自分の研究に割り当て、夜は変光星の観測に割り当てた。ピッカリングは、アニーのことを高く評価して、修士号を与えるように彼女を熱心に推挙したのだが、ラドクリフ・カレッジはなかなか認めなかった。結局彼女は1907年になってようやく修士号を取得できたのである！

アニーは陽気で折り目正しい性格で、厳格で反抗的なアントニア・モーリとは正反対だった。とりわけ彼女は極めて仕事をこなすのが早かった。それに対して、アントニアは仕事が遅く、任務を簡単に放棄した。しかし、二人の女性に一つ重要な共通点があった。彼女たちは、切れ者だったのである（原注9）。それで、ピッカリングは、アントニアに北半球の星のスペクトル解析を担当させていたのだが、アニーには南半球の星の調査を任せた。分光学とアニー、それは少女時代にまでさかのぼる長い恋の物語だったと言わねばなるまい。彼女はスペクトル線について語りながら、次のように告白するだろう。「私にとってそれらは単に線であるだけでなくて、それぞれの新しいスペクトル線が、新たな素晴らしい世界を切り開くのです。それは、ほとんどあたかも遠い星々が、語る力を獲得して、自らの物理的状態や組成について語っているかのように思えるのです」。

1900年にアニーは南半球の1122個の星の高解像度スペクトルを調べ始めた。アントニアと同じく、彼女はすぐさまウィリアミナ・フレミングの分類法が完全ではないことに気づいた。ウィリアミナの分類は水素の吸収線の強さだけによって分類していた。これでは不十分で他の元素の吸収線の強さも考慮しないと正確に分類できないことがわかったのである。しかし、アニーは、他の元素の吸収線の強さを考えに入れたアントニアの分類法で間に合わせたりはしなかった。ピッカリングの賛同を得て、彼女は新たな分類法を入念に作り上げた。それは、ウィリアミナの分類法に基づいており、写真乾板にあるいくつかの「傷」の存在や、初期のスペクトル観測記録の質の悪さが原因で、誤って導入されたいくつかのアルファベット、すなわち誤った分類型を削除し、より論理的と思われるO、B、A、F、G、K、Mの型を見つけるところまで整理し直した。さらに、彼女は、これらの様々な「スペクトル型」——今日そのように呼ばれる——を0から9までの10のサ

（原注9）とりわけアニーが、アントニア・モーリと同じく、特定の星が際立って細いスペクトル線を示すことに気づいたことを指摘しなければならない。この所見は彼女のカタログの中に記されたが、おそらくはピッカリングの圧力が理由で、彼女は強くは主張しなかった。

ブクラスに分けた（原注10）。ピッカリングにとってたいそう幸運なことに、この単純な分類法は急速に広まった。1910年には国際太陽連盟（原注11）によって公式の分類法として採用され、今日もなお使われている。スペクトル型の配列を覚えるために、「Oh, Be A Fine Girl, Kiss Me」（「ああ、好い娘になって、僕にキスしておくれ」）という、少々男性優位主義な色合いが濃い語呂合わせの言い回しが不可欠になった。今日、アメリカの女子学生は「girl」を「guy」（男性）に置き替えている。

アニーは順調だった。当時、ハーバード天文台では、ヘンリー・ドレーパー記念事業から資金を得て、8等星より明るい5万個の星のカタログを作っていた。アニーは、ピッカリングとともに、このカタログを、新しい分類法を採用して改訂する計画をたてた。彼女はほとんどたった一人でこの作業を行った。1日7時間、年11か月の割合で、作業は4年間（1911年から1915年まで）続いた。初めのうちは、ひと月あたり5000個の星を分類したが、時とともに彼女のテンポは上がった。当然それは、実直で生産性に貪欲なピッカリングを大いに喜ばせた。写真乾板を調べるときに、時間をできるだけ無駄にしないために、彼女はそれぞれの星について、自分が選んだ星の分類を助手に向かって叫び、助手は次の分類に移る前に、丹念にそれを書きとめた。例えば、絶好調のとき、彼女は天空の星の密度の低い領域では1分間に星を3個まで、星に満ち溢れた領域では、その半分を分類することに成功した。彼女は謙虚ではあったが、自身の比類のない効率の良さに内

（原注10）したがって、この分類法において、F9型の星はG9型の星よりもG0型の星により近いのである。

（原注11）International Solar Unionという国際組織で、IAU（国際天文学連合）の前身である。IAUは、創立から3年後の1919年にアニーの分類法を採用することになる。

心満足していた。彼女はそれぞれの分類の仕事の日付と継続時間を注意深く書きとめて、自分の日々の進捗を確認していた。スペクトル分類の作業は、吸収線の強度をもとに行われる。分解能が悪くて弱い吸収線がはっきりとは見えないものもある。それにもかかわらず、彼女はスペクトル写真から、その特徴を間違いなく捉えていたのである。おそらく彼女は、一瞥しただけで顔を特定できる人々がいるように、一瞥しただけでスペクトルを識別して分類ができたのである！

作業の速さによって彼女の仕事の質が損なわれることはなかった。彼女のよく訓練された目は間違いを犯さなかった。何年も後、彼女が以前分類した星のスペクトルが示されると、彼女はためらうことなく同じ型と、サブクラスまで正確に割り当てたのである。このすさまじいテンポで、彼女はすぐに当初の目標を超えた。プロジェクトの終わりには、彼女は合計22万5300個の星を分類するに至った！　完成したこの『ヘンリー・ドレーパー・カタログ』は、1918年から1924年までの『ハーバード年報』に9編に分けて刊行された。見事な一貫性により（というのも、ただ一人の人物（原注12）がすべての星の分類を確実に行ったのだから）、このカタログは長い間押しも押されもせぬ典拠であり続けたのである。逸話が一つある。ピッカリングは、カタログを長持ちさせるために耐水紙に印刷させ、刊行経費を部分的に彼自身の私財によって賄った。それほどピッカリングにとっては大事なことだったのである。ところが、不幸にも、彼はこのカタログの刊行が終わる前に亡くなってしまったのである。

（原注12）カタログの星の位置と光度を測定するために、実際は「ハーレム」の他の女性たちがアニーに手を貸した。

星の分類はアニーの唯一の仕事だったわけではなかった。彼女はたびたび初心に戻って、変光星の研究も進めた。1903年、彼女は1227個の変光星についての最初のカタログを刊行し、1907年には、3748個の変光星（そのうちの2909個はハーバードの「ハーレム」によって発見された）追加したカタログが完成した。1939年7月に、アニーは記念すべき世界通算で1万個目の変光星を見つけた。生涯で彼女は、5個の新星と分光連星1個および277個の変光星を発見した。彼女はその分野のすべての参考文献を記録した30万枚のカードを整備保管しており、それを定期的に参照して変光星の発見に利用していた。

感じが良く控えめなアニーは、ウィリアミナ・フレミングよりも少々、そしてアントニア・モーリよりもっと尊敬されることになる。1911年、ウィリアミナが亡くなると、「天体写真管理部長」としてアニーは後を継いだ。さらに、彼女は6つの名誉学位（そのうちの一つが1925年のオックスフォード大学のものである）を得た。最後に、彼女は1932年、動物学者のヘレン・ディーン・キングと一緒にエレン・リチャーズ賞を受賞した。女性天文学者の業績に報いるために、アニー・ジャンプ・キャノン賞を創設する目的で、彼女はすぐにその賞金をアメリカ天文学会に再譲渡した。もう一つのヘンリー・ドレーパー・メダルの受賞は大評判になり、彼女はハーバード天文台で喜びに浸った。そのとき、新天文台長のハーロー・シャプレーは、アニーのことを次のような言葉で紹介した。「学位と賞のコレクター、不朽の9編と数千個のオーツ麦クッキーの製造者、トランプゲームのブリッジのプレイヤー、そして何より、ヘンリー・ドレーパー・メダルの受賞者」と。

彼女は世界中のあちこちで尊敬されたが、ハーバードの中ではそうではなかった。ハーバードは、ピッカリングの「ハーレム」を不愉快に思っていたようである。1911年に、ある専門家が次のように憤慨している。「この研究分野において、生きている最も偉大な専門家として世界的に認められたのに、〔中略〕彼女が大学でいかなる公的な地位ももっていないのは不当である」。この状況は1938年までずっと続くことになる！　その年、ついにハーバード大学は、75歳のアニーに、（「ウィリアム・クランチ・ボンド（原注13）天文学者」の称号で）天文学者の地位を与えた。そのことはあまりにも異例だったので、辞令は男性への呼びかけである「Dear Sir（拝啓）」から始まっていたのである！

1940年、ハーバード天文台は彼女の引退を認めたが、それは彼女が研究を続けることの妨げにはならなかった。事実、アニーは「ヘンリー・ドレーパー・エクステンション」（ヘンリー・ドレーパー・カタログの追補を目的とするもので、作成は少し前からすでに始まっていた）という新たなプロジェクトに身を投じることに決めた。しかし、1941年4月13日に不意に訪れた死によって、その新たな挑戦の成功は妨げられることになった。プロジェクトを完成させるのは、彼女以外の女性たちとなる。

死によって、アニーの際立って充実した人生に終止符が打たれた。彼女は合計35万個の星のスペ

（原注13）ハーバード天文台の初代台長であり、息子とともにベガの銀板写真撮影に初めて成功した天体写真術の先駆者であるウィリアム・クランチ・ボンド（1789～1859）を記念したものである。

クトルを分類したのである！　彼女のカタログと分類法がなければ、天文学における多くの決定的な進展、とりわけラッセルの恒星進化論は存在し得なかったかもしれない。世界中が同じ意見だった。天文学の偉業以外に、彼女はまた、愉快な仲間であり、かつ伝説的に評判の良いパーティの接待役としての記憶も残したのである。しかし、彼女のカタログがＡＪＣ（Annie Jump Cannon）ではなくＨＤ（Henry Draper）のイニシャルでいつまでも知られているのは残念なことである。

●セシリア・ヘレナ・ペイン＝ガポシュキン

星を分類する、それは良いことだろう。しかし、そこからさらに、分類法の裏に隠された物理学的な意味を理解しなければならない！　そして、分類法が女性たちによって作り上げられたのだとすれば、それらを説明した功績も、またある女性のものなのである。

セシリア・ヘレナ・ペイン＝ガポシュキン（原注14）は、１９００年5月10日、イギリス、バッキンガムシャー、ウェンドーヴァーのホリウェル・ロッジで生まれた。彼女は、音楽家・歴史家・弁護士のエドワード・ペインと画家エマ・パーツの長女で、エドワードは娘がまだ4歳のときに亡くなった。とても早くから、彼女の周囲の人々は、彼女の生来の好奇心を利用して、科学、とりわけ天文学に興味をもたせた。ある冬の夜、母親がセシリアを乳母車に乗せて散歩していたとき、二人

（原注14）ガポシュキン（Gaposchkin）。しばしば「Gaposhkin」という綴りが見受けられる。

は輝く流星が天空を横切るのを見た。それが彼女の天文学との初めての触れ合いで、そのときまだ5歳だった。母親は、韻文のちょっとした歌（"*As we were walking home that night, we saw a shining meteorite.*"〔今夜、家に帰るときに、私たちは隕石を見ました〕）を創って、彼女にその現象の名を教えた。星座やハレー彗星の発見によって、彼女は天文学への興味を抱き続けていたが、彼女が一番興味を抱いたのは、大叔母のドロシーがとくに好きな分野である植物学だった。学校でも教師たちは、生徒たちに観察のセンスを養わせようと計らった。例えば、生徒たちに、校庭に隠された小さな釘を探させたのである。

セシリアが12歳のとき、弟がもっと良い教育を受けられるように、一家はロンドンに引っ越した。その頃、彼女はセント・メアリーズ・カレッジという、残念ながら科学教育をおろそかにする学校にいた。それにもかかわらず、セシリアはすでに研究に身を捧げる決心をしていた（原注15）。それゆえ、彼女はある教師の助けを借りたり、書庫の科学の稀覯書《きこうしょ》を読みふけったりして自分自身で知識を補完しようとした。

彼女は当然勉強を続けたいと望んでいたが、一家は、子どもたちの中でただ一人の男子の教育に、持てるもののすべてを注いだ。セシリアは大学に入りたければ、自分自身で学費を調達しなければならなかった。しかし、奨学金を得る試験に合格するために、彼女はまず科学の知識を補わなければならなかった。その目的のために、彼女は1918～1919年度の間、セント・ポールズ女子

（原注15）後に彼女は次のように当時の不安を述懐している。「とても若くして、私は研究をする決心をしたのだが、始めるのに十分な年齢になる前に、見つけられるものはすべて見つかってしまうかもしれないと思ってうろたえた」。

校で学び、1919年に自然科学の奨学金を得てニューナム・カレッジに入学することができた。ニューナム・カレッジは、ケンブリッジ大学に属しており、1871年、女性への科学教育を奨励するために設立された。そこで彼女の大叔母が植物学を学んだのである。彼女は、そこで植物学と化学と物理学を受講することに決めた。彼女は、自分は物理学に興味を引かれていると思ったが、まもなく幻想を捨てた。というのも、多くの教授たちがはっきりと女子学生を見下していたからである。その中には有名なアーネスト・ラザフォード（訳注6）もいた。

彼女は偶然に恵まれて天文学に再会した。1919年の終わりに、彼女はイギリスの科学者アーサー・エディントン卿の報告会に出席した。その会合でエディントンはアインシュタインの一

図3-6　セシリア・ペイン＝ガポシュキン。

（訳注6）実験物理学の大家であり、放射線であるアルファ線とベータ線の発見、および原子核の発見で有名である。原子核の人工変換などの業績により「原子物理学の父」と呼ばれている。

般相対性理論について説明し、それを証明するために彼が行った実験について述べた。セシリアはうっとりした気分で教室を出た。彼女は、エディントンの報告をすべて理解してその素晴らしさに感動した。そのあまり、彼女は三晩眠ることができず、ついに人生を天文学に捧げる決心をした。もちろん、彼女は急に進路を変えることはできなかったが、自分の時間割が許す限り天文学の授業を選択した。ある晩、彼女はケンブリッジ天文台主催の公開観測に参加した。彼女はとりわけ、色違いの二つの星でできている連星に見とれた。この観測が気になって、彼女は助手を質問攻めにした。助手はとうとう、このいまいましい見学者の数え切れない質問に答えあぐねて、その晩の当直の教授だったアーサー・エディントンを探しに行った。セシリアは、それを好機と捉えて、天文学の研究に身を投じる決意を教授に打ち明けた。エディントンは妥協する態度を見せた。すなわち、彼は、彼女に数冊の本——実際には彼女はすでに読んでいたのだが——を読むことを勧め、天文台の図書館への立ち入りを許した。

結局セシリアは、1923年に科学の学士号を得た。当然、彼女は研究を続けて研究者になりたかった。しかし、当時のイギリスでは、女性は教育を受け、学会に入り、学術論文を発表することはできたのだが、研究職に就くことはできなかった。彼女はせいぜい教師——彼女によれば「死ぬよりもっとひどい運命」——にはなることができた。ハーバード天文台長のハーロー・シャプレーの講演に出席したことを彼女が思い出したのは、そんな頃だった。彼女はシャプレーに連絡を取り、周りの予想に反して、ハーバード大学入学の奨学金を得た。こうして、彼女はマサチューセッツのケンブリッジに向かうために、イギリスのケンブリッジを去ったのである！　彼女は、アメリカに1、2年ほど滞在した後、絶対にイギリスに戻るつもりだった。しかし、最初の年はあっという間に過ぎ、学術論文を数本発表したにもかかわらず、相変わらずイギリスでの将来は閉ざされているように思えた。結局、彼女は生涯ハーバードに留まることになる。

星の観測結果は、それを理論的に理解して宇宙の姿を明らかにすることにつながるとセシリアは考えていた。それゆえ、彼女はアニーの経験的な星の分類法は、必ず物理学の基礎から理解できるはずであると確信して、その分類法の意味を物理的に理解するという課題に挑戦することに決めた。当時、O型から始まる一連のスペクトル型は、星の表面温度の高いものから低いものへの順になっていると理解され始めたところだった。メグナード・サハと、エドワード・アーサー・ミルンやラルフ・ハワード・ファウラーなど他の理論家たちは、恒星大気の電離度を理論的に計算して、表面温度の最初の尺度を定めたが、それはまだ大雑把だった。それゆえ、観測と厳密な測定による計算を確立する必要があった。それが、セシリアの目標だった。残念なことに、ヘンリー・ノリス・ラッセルの学生であるドナルド・メンゼルも同じことを思いついていた。そこで、それぞれの指導教授であるシャプレーとラッセルは、彼らに異なるスペクトル線を観察させることにした。すなわち、セシリアにはイオン化した原子のスペクトル線、つまり高温の星を、ドナルドには中性原子のスペクトル線、つまり低温の星を観察させたのである。セシリアもドナルドも、教授たちのこのような取り決めを尊重することはなかった。ドナルドは一足早く研究を始め、1924年、つまりセシリアの一年前に博士号を取得した。しかし、彼女はもっと多くの星や、スペクトル線、そして別の要素について検討して、ドナルドを越える成果を上げたのである。

図3-7 スペクトル型ごとの典型的スペクトル。

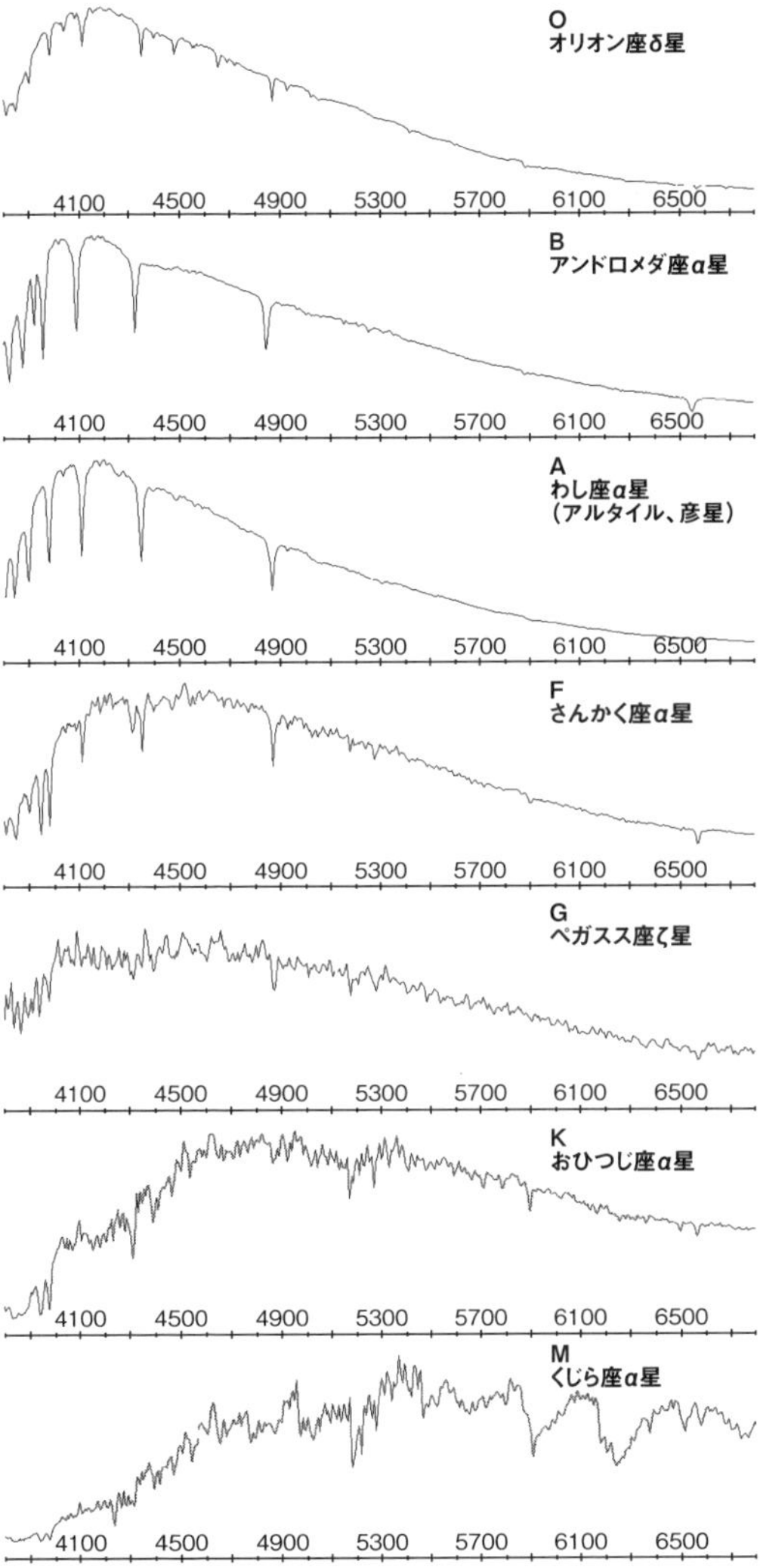

成果を説明するために、セシリアは二つのグラフを作成した。一つ目は、横軸にスペクトル分類型を取り、縦軸にはスペクトル線の強度を示すものであった。二つ目はサハの理論的研究に基づいて、横軸に表面温度を取り、縦軸にスペクトル線の強度を示すグラフであった。二つのグラフは、取り違えてしまうほど互いによく似ていた。つまり、ＯＢＡＦＧＫＭというスペクトル型の連なりは、まさしくこの順で星の表面温度が減少することを示していた。アニーの直観には、まさしく隠された物理学的事実が含まれていたのである。

例えば、Ｏ型の星は、青色で、表面温度は2万5０００度以上である。紫外線領域における放射が大量で、（中性とイオン化された）ヘリウムのスペクトル線はとりわけ強い。リゲルやスピカのようなB型の星は、1万1０００度から2万5０００度の温度を示し、そのことは、それらのスペクトル中の中性ヘリウムの強い吸収線の存在によって示される。ベガやシリウスのようなA型の白色の星は、７５００度から1万1０００度の表面温度で、水素原子を刺激するのに理想的な環境である。それゆえこれらの星は最も強い中性の水素吸収線をもっている（もっと低温だと、水素原子を刺激するには熱運動エネルギーが不十分であるのに対して、もっと高温だと、水素はイオン化し、中性水素の数は少なくなる。つまり、高低いずれの場合でも、中性の水素スペクトル線は弱くなる）。

Ｆ型の星のスペクトルでは、温度が6０００度から7０００度（カノープス、プロキオン）で、金属特有のスペクトル線が現れ始め、これらのスペクトル線はG型の黄色い星（太陽やカペラのように、表面が5000度から6000度）になったときにもっと強くなる。それらは、表面温度が3500度から5000度に相当する次のK型で最も強くなる。この型の星には、アルクトゥルスやアルデバランが属しているのだが、もはや青色の光をほとんど発していない。最後に、最も低温の星はM型（ベテルギウス、アンタレス）で、これらの赤色で温度が3500度以下の星は、例えば酸化チタンのような分子の振動による幅広い吸収帯によって特徴づけられたスペクトルを示すのである。

セシリアは、さらにもっと先に進んだ。自分が見積もった温度域を利用して、彼女はまだ知られていない原子パラメータを見積もり、さらに星の化学組成を測定するに至った。そして彼女は、恒星は皆、地球と同じような重元素の成分をもつだけではなく、地球よりもヘリウムや水素がはるかに豊富であることを発見した（水素は地球上よりも100万倍豊富である）。そして、いくつかの化学元素が存在しないのは、単に温度条件がそれらの元素の出現に最適ではないから検出されないだけなのだ！　1924年、彼女はこれらの結論をふたたび取り上げた一本の論文を書いて、検討してもらうためにラッセルに郵送した。ラッセルはひどくためらった。彼によれば、セシリアの結論は受け入れられないというのである。なぜなら、地球と星は同じ成分をもっているはずという通念があったからである。当時ラッセルには権威があり、セシリアの指導教授であるシャプレーの恩師の一人だった。シャプレーは完全にラッセルの判断に任せた。この結果はそれまでの通念と全く一致しないと結論付けて、彼女はラッセルの判断に従うしかなかった。当時、アーサー・コンプトンとラッセルによって練り上げられた理論が、見かけ上桁外れな水素の豊富さを容易に説明できるかもしれないと、彼女は自分の論文に説明を付け加えたのである。実は、その理論は後に誤りであることが明らかになった。そして数年後、観測記録が集積されてくると、天文学者たちは水素こそ星の主要成分であると認め始めた。1929年、ラッセルはついに天文学者がもち始めた見解に賛同した。彼は一本の論文を発表し、その中で彼は星の成分について述べたのだが、それは水素が主成分ということを認めるものだった。彼は、この結果は彼の新たな理論の枠組みで容易に説明されると明言した。ただ、その彼の新たな見解の構築においてセシリアが果たした決定的な役割について述べることは省いたのである。

この恒星についての研究成果をセシリアは博士論文に記載した。論文は1925年に口頭試問が行われたが、たった6週間で書き上げられたものだった。ハーバード天文台で行われた研究に対して授けられた最初の博士論文であることは重要である。その論文について議論が巻き起こると危惧されたが、心配には及ばなかった。というのも、偉大な天文学者のオットー・シュトルーベが、その論文を「間違いなく天文学においてこれまで執筆された中で最も優れた博士論文」と紹介したからである。

その頃、セシリアはリック天文台の職を提供された。それは非常に魅力的な仕事だったが、シャプレーがどうあっても彼女を手放したがらず、結局、彼女はハーバードに留まることを受け入れた。しかし、彼女が理論研究を続けることはもはや不可能だった。事実、彼女は天文台長であるシャプレーの要求に従わなければならなかった。シャプレーは、天文台で彼女が実施する研究テーマを決めていたのである。当時、天文台長は限られた予算に甘んじなければならなかったため、設備が更新されておらず、時代遅れになり始めていた状況であった。その中でハーバードが独創的な成果を出すことが期待できるわずかな分野の一つが測光学だった。そこで、超巨星とウォルフ・ライエ星のスペクトルについての短い研究のあと、セシリアは星の光度の研究、中でも変光星の研究に転向した。自分の研究の仕事に加えて、彼女は自分が編者になった天文台の出版物のために身を捧げなければならなかった。20年の間、書籍、報告書、天体速報、そして年報の出版が彼女の日常生活の一部を占めていたのである。

１９３０年代、彼女の親しい友人のうちの何人かが亡くなった。それは彼女にとって胸の張り裂けるような出来事だった。どうしてあんなに若くてきれいで快活な女性たちが亡くなって、真面目なだけで美人でもない自分が相変わらず生きているのだろう、と思い悩むようになった。それで、彼女は仕事だけに身を捧げるのはもうやめて、世の中のことに興味をもとうと決心した。彼女は男性との付き合いも始めたが、うまくいかなかった。それで、１９３３年の夏の間中ヨーロッパをあちこち旅行して、気分を変えようとした。彼女はその旅行を利用して、オランダやデンマーク、スウェーデン、エストニアの天文台を訪問した。ロシアやドイツという、当時政治的風土がどちらかといえば厄介な（一方はスターリンによる粛清、他方はナチスによる民族浄化）二つの国にも赴いた。彼女は最後にドイツのゲッティンゲンに行き着いた。そこでドイツ天文学会の会議が開催されていたのである。彼女は学会気付で自分宛の手紙を転送させる手続きを取った。ある日、配達員が手紙を届けようと彼女の名を口にしたところ、隣の席の人が飛び上がって彼女に話しかけてきた。彼は「セシリア・ペイン嬢」に会うためにわざわざゲッティンゲンに来たのだが、魅力的な若い女性ではなく年配の女性だと思っていたのである。その熱狂的に騒ぐ人物はセルゲイ・ガポシュキンという名で、セシリアに自分の悲劇的な出来事を語った。ロシア人の彼は、スターリンの共産主義から逃れてドイツに避難してきたのだが、ナチス政権下のドイツでは、隣の敵国からの移民は全く歓迎されていないというのである。

胸を打たれて、セシリアは彼の移住を助けることに決めた。彼女はハーバードで彼の仕事を見つけ、ビザを手に入れ、11月にはすべてが、というよりは、ほとんどがうまくいった。事実、翌年二人は結婚したのだが、セシリアは何事もなかったかのように職に留まった。彼女の行動は当然「組織のお偉方」を不快にした。というのも、結婚した女性は職を離れるのが慣例だったからである！彼女はそれだけに留まらなかった。最初の子どもを妊娠して5か月のときに論文を刊行したのである（原注16）。それがとどめになった。天文台長のハーロー・シャプレーは激怒して、この状況が繰

（原注16）彼女はセルゲイとの間に3人の子どもをもうけた。1935年にエドワード、1937年にキャサリン、1940年にピーターが生まれた。3人とも、生涯の一時期、天文学に携わることになる。

り返されることに断固として反対した。もっとも、セシリアはこの考えにもはや抗うことはなかった。しかし、彼女の権威に従属しない考え方は、再び別の面で現れることになる。戦争中、彼女と夫は個人的に反戦運動に参加するために農場を買って、大量の卵とおいしそうな缶詰を生産したのだ。彼らはケンブリッジの自宅に、強制収容のおそれがある日系アメリカ人一家を受け入れることもした！

科学研究の面では、彼女はセルゲイとともに、変光星の正確な研究に取り掛かった。彼らはまず、我々の銀河の中の明るい2000個の変光星に関心を抱いた。それは途方もない作業だった。明るく見えている変光星はおよそ5000枚の写真乾板の上で検出されたが、その変光星が暗く見える時期も調べるためには格段に多くの乾板を調べることが必要であったのである。したがって、全部で100万枚以上の観測記録を分析しなければならなかったのである！　しかし、夫妻はたった5年でこの圧倒的な労苦を首尾よく成し遂げた。次に彼らは別の5年間をマゼラン雲の3000〜4000個の変光星の変光の研究に費やした。それによって、ついでに彼らは目録化されていない数百の変光星を発見することができたのである。数多くの助手に助けられた結果であったとしても、ガポシュキン夫妻が200万個以上の星の光度を測定したことは、称賛されるべき偉業である。こうして、彼らは観測した星の光度変化曲線の特徴を確定することができ、それによって変光星を分類し、それらの物理的描像を系統立てて理解する試みを始めることが可能になった。彼らはまた、セファイド変光星の光度変化の周期と光度変化曲線の形状の間に関係があること（第4章参照）を明らかにした。その関係は、少し早い時期からヘルツシュプルングによって考察されていたが、いまや証明されたのである。

世界の天文学のエリートに間違いなく属していたにもかかわらず、セシリアは満足のゆく職業上のキャリアを得られなかった。彼女は1938年にようやく常勤の職を得たが、低賃金と劣悪な身分を理由に何度もハーバードを去ろうと考えた。しかし結局、彼女は辞めなかった。1934年、彼女は第1回アニー・ジャンプ・キャノン賞を、また、かなり後の1976年にヘンリー・ノリス・ラッセル講師職という賞（彼女は間違いなく皮肉と捉えたに違いない）を受賞したが、名高いブルース・メダルはもらえなかった。同様に、多くの職も彼女の性別が理由で不採用になったのである。事実、ハーバードは女性に対して差別的な態度を取り続けた。つまり、ウィリアミナとアニーの事例から何も学ばなかったのである。例えば、大学でセシリアは多くの講義を行ったが、ハーバードで提供される講義の公式リストには含まれていなかった。そのうえ、彼女の給与は「備品」の項目に記載されていたのである。セシリアは1956年にようやく教授に任命された。続いて、彼女は女性で初めての天文学部長にもなった。これら二つの昇進は大々的に祝うのが普通であったが、彼女は天文台の図書館で女子学生全員とお茶会を催して祝っただけで満足するような性格であった。

愛想が良く控え目で、ユーモアいっぱいだが、自分自身には厳しかったセシリア・ペイン＝ガポシュキンは、亡くなるまで既成概念と戦って、生涯を通じて精神の自由さを大切にした。その死は1979年12月7日に、肺がんがもとで不意にやって来た（彼女はヘビースモーカーだった）。彼女が一番大切に思い、後世の人々に伝えたかった望みとは何であったのだろうか。自分の研究成果ではなく、「ペイン＝ガポシュキンの行動原理」と自身が呼んだものを伝えたかったのではないだろうか。すなわち、科学者は、個人的な名声のためではなく、人類の知の進歩を念頭に置いて研究をするべきであるという行動原理である。

◉星の分類、現代に続く仕事

アニーの分類法は、セシリア・ペイン＝ガポシュキンによって妥当性が解明されたのだが、現代もなお使われている。分類法は長年の間ほとんど変わらず、アメリカのヤーキス天文台の3人の天文学者、ウィリアム・ウィルソン・モーガン、フィリップ・キーナン、イーディス・ケルマンの研究によって拡張がなされた。

アニーの分類法には重要な問題が残っていた。同じスペクトル型に分類されるにもかかわらず、絶対等級の異なる星々のスペクトルの様相が異なって見えるという不都合である。20世紀初頭にヘルツシュプルングがすでにこの問題を提起していたが、ピッカリングがアントニアの分類法を推奨しなかったため、学会では気にはされていなかった。1930年代に、この問題が再び議論の対象として取り上げられた。、型破りな天文学者のウィリアム・モーガン（彼は天文学を学んだあと数年間英文学を研究するという遠回りをして、ヤーキス天文台に復帰した）が、フィリップ・キーナンの支援を得て、その問題に挑戦することになった。彼らは研究において、ヤーキス天文台から8キロメートルのところで生まれたイーディス・ケルマンという女性の助けを受けることになる。彼女は教師となるために大学で科学の勉強をした（原注17）が、不況の直中で（1933年のことである）、結局、彼女はモーガンの助手の仕事しか見つけられなかった。観測のために星野図を用意し、写真乾板を現像し、結果（合計およそ7000部）を印刷したのは彼女だった。

MKK分類法（訳注7）は、1943年に天体写真集の形で発表され、次いで1953年にモーガンとキーナンだけで最終的にまとめられることになる（MK分類法）。すなわち、OからMまでのスペクトル型において、絶対等級を示すIからVまでのローマ数字を追加することになる。V等級は「主系列星」といわれる星の絶対等級だが（132ページ参照）、誕生した星が成長して成人になった状態に対応している。ある与えられた表面温度をもつ星々の中で最も光度が小さいクラスである。光度の順に、次いでⅣ等級（準巨星）、Ⅲ等級（巨星）、Ⅱ等級（輝巨星）、最後にⅠb等級もしくはⅠa等級（超巨星）がある。時折、輝線や特別な化学成分の存在を示すスペクトルの特徴を説明するための文字が加えられる。この完成された分類法においては、太陽はG2V型、ベテルギウス

（原注17）1943年に彼女の任務は完了し、しかも、常に変わらぬ夢である教鞭をとるために天文台を去ることになるが、何年にもわたり、学校が休みの間、彼女はヤーキス天文台に戻ってきていた。

（訳注7）モーガン、キーナンとケルマンが開発した分類法で3名の頭文字をとった略称。

はM2Ⅰb型、シリウスはA1Ⅴ型、アルデバランはK5Ⅲ型に含まれる。

新たな分類法を作り上げることは科学的に重要で興味深い仕事ではあるが、その分類法を実際観測される多数の星々に大規模に適用して、その有効性を確認する必要がある。ちょうど、往時のピッカリングのハーレムが行っていたように、である。その仕事の責任をもったのは、またしても女性のナンシー・ハウクである。1973年から、彼女はヘンリー・ドレーパー・カタログのすべての星をMK分類法に再分類することになる。（計画された全7巻のうち）そのカタログは第1巻から順次刊行され、第5巻は1999年に刊行された。

次に、稀なスペクトル型、すなわちR、N、C、S、L、Tも見ておこう。最初の三つはセッキがⅣ型にまとめた「奇妙な星」に結びつけられている。今では、「C」型に分類される炭素が豊富な星であることがわかっている。かつて、それらは異なる二つの型に置かれていた。すなわち、R（炭素の豊富さを除けばK型の星に似た星）とN（M型の星に似た星）である。さらに、星のスペクトルの中には別種の弱い線を示すものもあり、それらはランタンやバナジウム、ジルコニウムの酸化物のような、酸化分子によるものである。つまり、これらの星は、s過程（第5章参照）のときに生成される元素によって満たされているので、S型に再分類された。最後に、もっと最近の1999年、二つの新たな型が加わった。すなわち、L型とT型である。それらは、放射の大部分が赤外線である。近年ようやく発見された非常に低温の星である。L型の星は1000度から

2000度の表面温度で、それらのスペクトルは水素化合物(CrH, TcH)があることを示している。T型の星はさらに低温で、木星のように、天然ガスであるメタンのスペクトル吸収線を示す。これら低温の星は多くの場合恒星になれない星で、しばしば「褐色矮星」と呼ばれるが、それらは中心で核反応を始めるには質量が小さ過ぎるのである（第5章参照）。

星の分類は、現代の天文学の重要なツールの一つであり続けている。今日、この研究については、新たな波長領域（紫外線、赤外線）の様子もわかってきた。それに、星の分類において、例えば化学組成のような新機軸も加わっている。しかし、研究の基本は、アニーとその仲間たち以来変わっていないのである。スペクトルをただ一瞥するだけで、ある星の型、つまりその温度、進化の段階、科学的な特徴などを決定することができるのである。彼女たちが生み出したこの星の分類法がなければ、私たちは天空の無数の輝く星々は何が違っていて見え方がどう違うのかがわからず、いまだに迷子状態だったかもしれない。

HR図

アイナー・ヘルツシュプルングは、恒星本来の明るさ（絶対等級）とその色という二つの量の間には相関関係があることを発見した。青くて白っぽい星はもともと明るく、赤い星は暗いという関係である。多くの星はこの関係に従うが、中には青くて暗い星、赤くて明るい星もあった。この点を指摘したのもアントニア・モーリの業績である。ヘルツシュプルングとは独立に、ヘンリー・ノリス・ラッセルは、ピッカリングの観測データを用いて、同じような関係を見出した。ラッセルはその結果を一つのグラフにまとめて示した。縦軸に星の明るさ（絶対等級）をとり、横軸にスペクトル型（温度あるいは色）をとって、星が示す明るさ、型に従って一つ一つ点を打っていったのである。このグラフは今日「ヘルツシュプルング－ラッセ

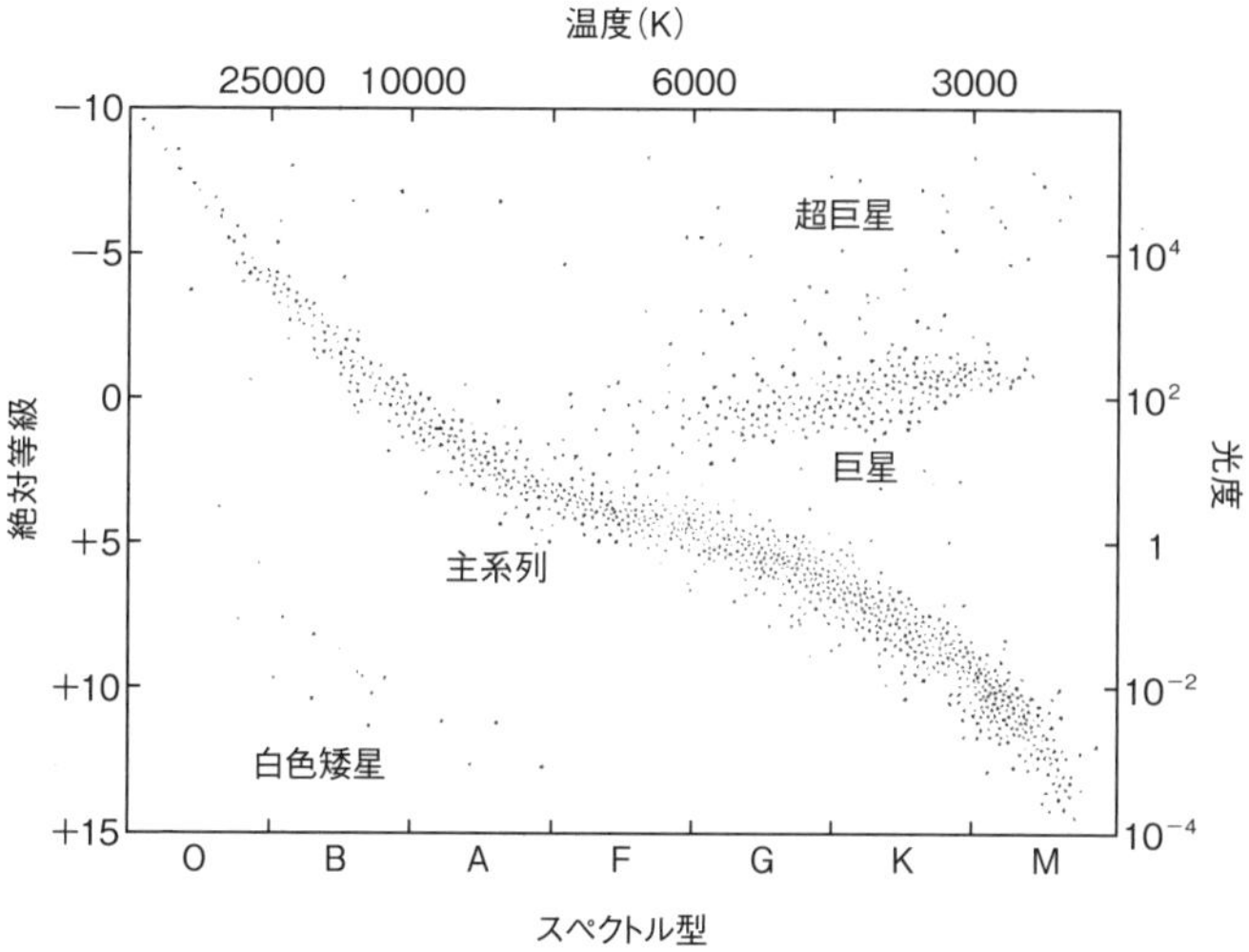

HR図。

ル図」あるいは省略して「HR図」と呼ばれている。この図では、上に位置するほど明るく、下に位置するほど暗いことを意味する。赤くて温度の低い星は右手側になり、青くて温度の高い星は左手側に位置する。ある一つのスペクトル型の星については、温度は同じであるから、明るい星は半径が大きく、暗い星は半径が小さいのである。

このグラフ上で、星々はバラバラに散らばるわけではない。90％程度が、青くて明るいところから赤くて暗いところを対角線状に結ぶ帯状のところに集中する。これを主系列と呼ぶ（MK分類法ではクラスV）。一部の白くて暗い星（白色矮星）が左下に別のグループを作る。残りの星々は、様々な色を示すが半径の大きなものがグループを作っている。巨星グループと超巨星グループである。ラッセルはこの結果を見て、星の進化が関係してこのようなグループ分布になっていると考えた。彼の考えでは、星は生まれたときは半径の大きな巨大なものであった。それが時間とともに収縮すると、温度が高まり青くなる。やがて星々は徐々に冷えていき赤くなっていくという考えであった。この考え方は実は正しくない。が、星の進化が原因でグループになっているということは正しいものであった。現在の正しい解釈は、主系列の青い星は、赤い星とは質量が異なるだけである。青い星は質量が大きく、大量のガスが集まってできているので、半径が巨大なのである。また、巨星や超巨星は老齢化したことを意味しており、白色矮星は質量の小さい星が一生を終えた亡骸である。

HR図上での太陽の進化の道筋

我々の太陽は大きなガスの雲から生まれた。今から約50億年前にガス雲が集まり、それが外部から何らかの刺激を受けて収縮し始めるのである。その収縮の仕方は、京都大学の林忠四郎教授が明らかにした。HR図上では、林トラックという道筋をたどって進化する。これはHR図の上から下に伸びる線上の道筋で、ガスの雲は表面の温度をあまり変えることなく収縮していくので、明るさは落ちていく。収縮が続くとそのガス雲の中心核の温度が上昇し、やがてはそこで熱核融合反応が始まりエネルギーが発生する（5章参照）。これは、水素原子が融合してヘリウム原子に変換される反応である。中心核で新たにエネルギーが発生するこの段階で、太陽は自分自身で光り始め、新たな星として誕生したと考えられる。星の中心核でエネルギーが新たに発生する状況に変化したため、ガス雲はそれに見合った安定平衡状態をとろうとして内部の構造が調整される。この調整は短時間でなされる。HR図上では、この調整後、太陽は左へ進んで主系列星の状態に入る。そして、太陽は一生のほとんど（90%）をこの主系列星の状態で過ごす。

残念ながら、星としての太陽は永遠ではない。核融合反応の燃料となる水素が中心核部で使い果たされてくる。すると、内部のガス圧が弱くなり、中心核部は重力によって収縮して再加熱される。すると、中心核部の周りの薄い層でこれまでとは別の核融合反応を起こし始める（球殻状燃焼）。この結果、太陽の外層は膨張し低温になって赤色巨星になる。明るくそして表面温度は低下するので、HR図上では右上へ進化することになる。

中心核では温度が上がり続けて1億度にもなっていく。すると今度はヘリウムが炭素に変わる核反応が起こり始め、新たな安定状態に落ち着く。この状態はHR図上では水平分枝と呼ばれる場所である。やがて、ヘリウムも中心核で欠乏するようになる。このことは、水素の場合と同じようにヘリウムの球殻状燃焼層を作り出す。球殻燃焼層が二重になるのである。これがまた、外層部の膨張を引き起こし、赤色巨星の位置

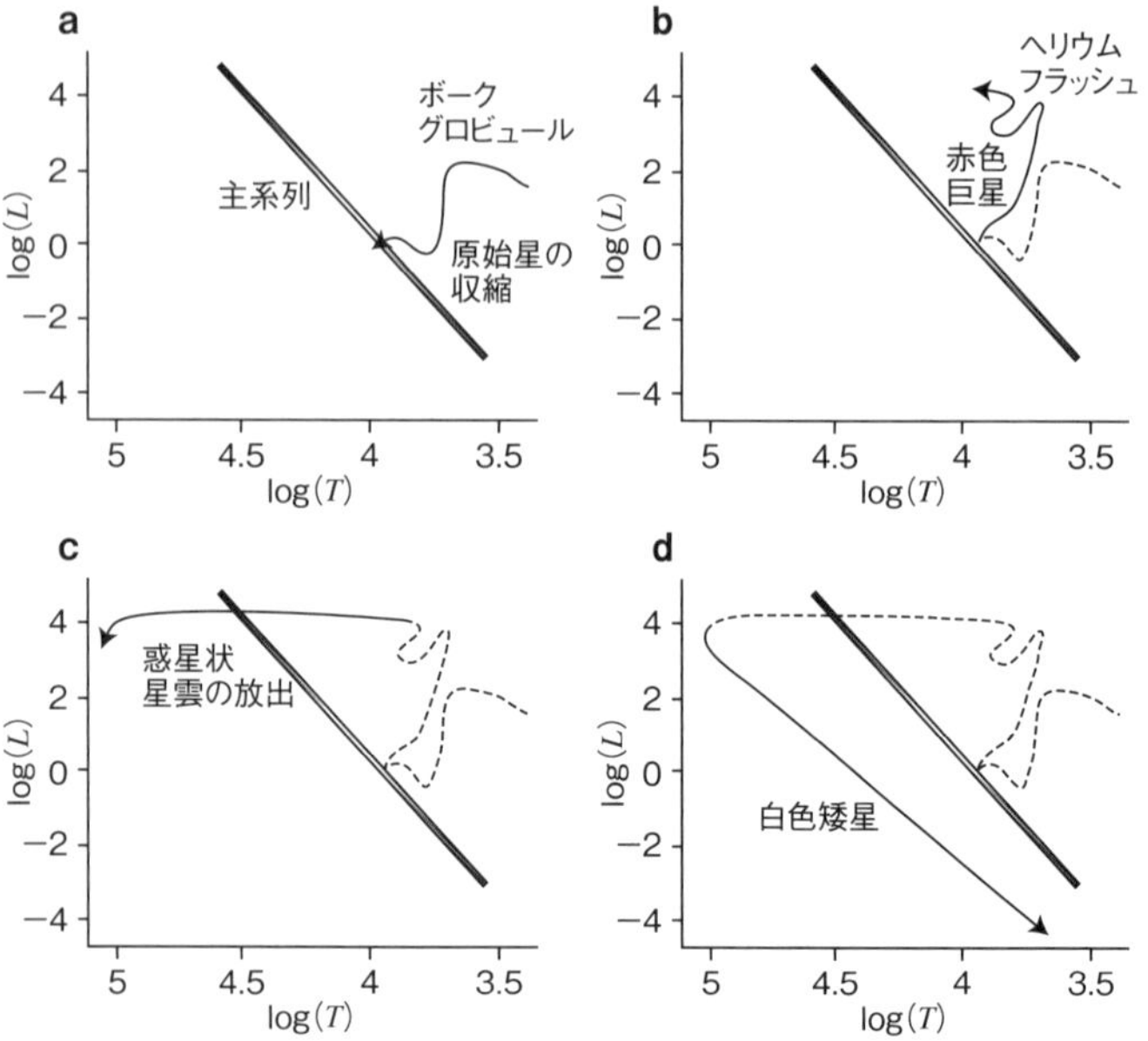

星の進化の模式図。

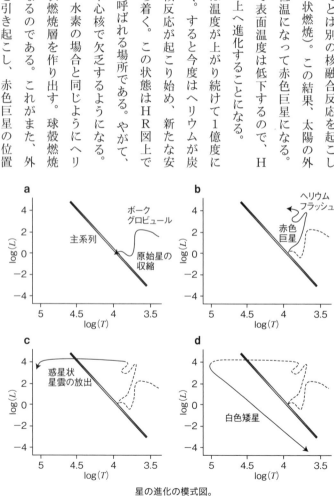

へ再度近づく。この移動する道筋を漸近巨星分枝領域（ＡＧＢ）という。

太陽のような星は炭素を燃焼することはない。ＡＧＢの段階を経ると太陽は外層のガスを放出して高温層がむき出しになり、ＨＲ図上では左側の高温部に移動する。放出された外層は惑星状星雲となり、中心核部は小さな白色矮星になってしまう（ＨＲ図上では左下の領域）。

太陽より質量が大きな星は、少し違った進化の道筋を示す。中心核部の温度が十分高くなると炭素の核融合反応が起こり、引き続いてさらに重い元素の燃焼が起こるのである（第５章参照）。この段階は短い時間で進行していく。核融合反応は順次進んでゆくものの、鉄の合成までしか進まない。熱核融合反応でエネルギーが取り出せるのはこの鉄合成までで、この段階に来ると星は文字通り爆発する。外層の大部分を星間空間に吹き飛ばし超新星となる。その後には、中性子星やブラックホールが残る。もっと質量の重い星の進化は、いまだよくわかっていない点が多い。

星団とＨＲ図

ＨＲ図上で個々の星の進化経路をたどるかわりに、球状星団内の星々だけを取り上げてＨＲ

図上に描くという方法でも星の進化を調べることができる。一つの星団内の星々は、一つの大きなガスと塵の雲から生まれたと考えられるので、星々の化学組成および年齢は同じと考えられる。違いは質量だけである。年齢も化学組成も一緒であるからといって、すべての星が同じ進化段階にあるわけではない。質量によって進化の進み具合が異なるのである。質量の大きな星はより多くの燃料をもってはいるが、極めて明るく輝く代わりに燃料消費率が高く、そのため寿命が短い。いわば、蝋燭《ろうそく》を両端から火をつけるようなものである。太陽の数十倍の質量の星の寿命は数百万年であるのに対し、太陽の寿命は１００億年である。HR図上で星団中の星の現在の様子を見てみると、重い星はより進んだ段階に達しているのである。前節で述べたHR図上の領域がくっきりと星団のHR図でも現れる。

・主系列星（MS, Main Sequence）は、水素を中心核部で燃焼している「大人の」段階である。
・水素が中心核部で少なくなると、主系列を離れる。HR図上では「肘」の形、あるいは英語で Turn-off（TO, 折れ曲がり）といわれる形が現れる。
・巨星分枝(RGB, Red Giant Branch)は、中心核部が収縮し外層部が膨張していく段階である。
・水平分枝(HB, Horizontal Branch)では、中心核部でヘリウムが燃焼している段階である。この段階にいるとき、星全体の構造が不安定となり、膨張・収縮を繰り返すようになる。

脈動変光星として観測される状態である。

・やがて漸近巨星分枝(AGB, Asymptotic Giant Branch)に集まるようになり、終末を迎える。

以上のことを頭において、星団のHR図を見てみると、その星団の重要なパラメータがわか

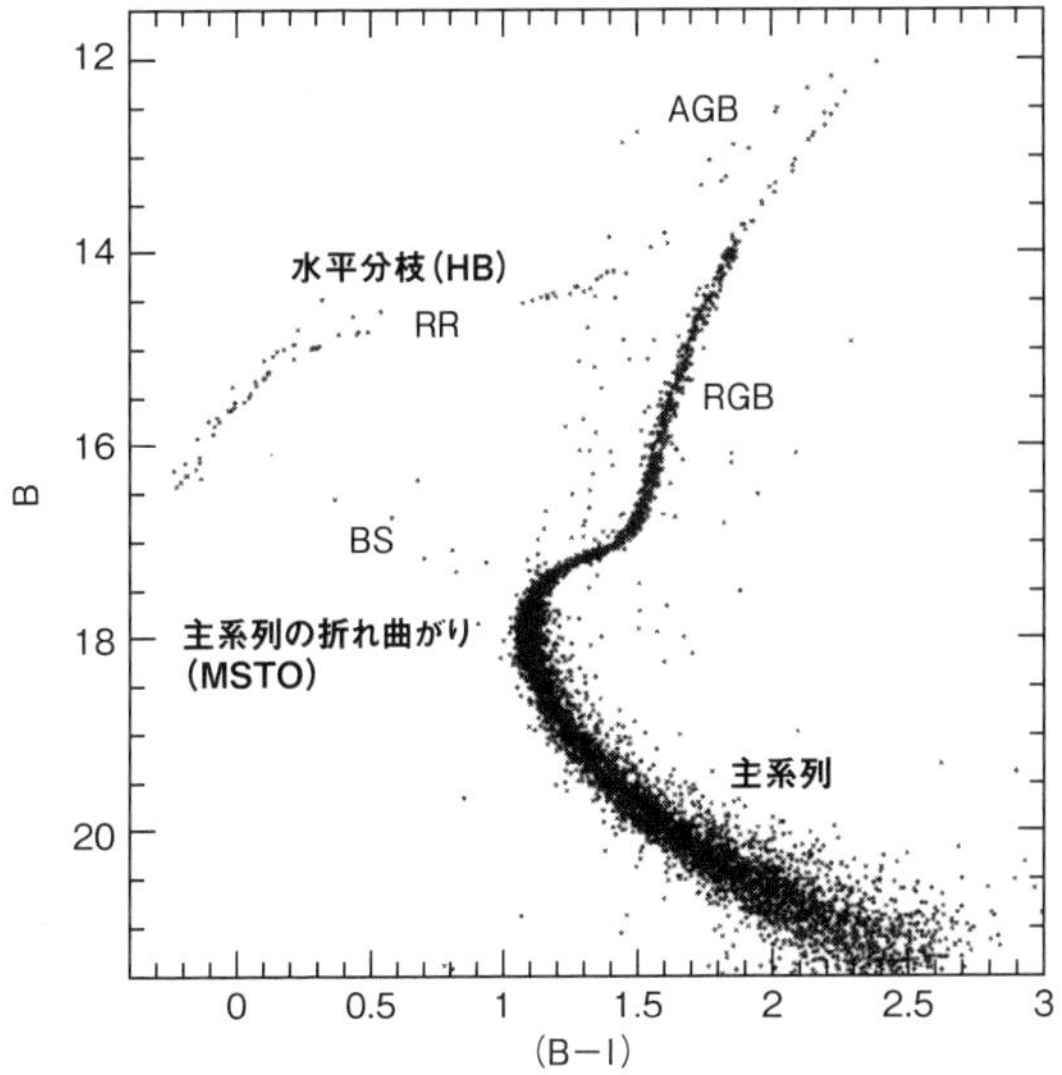

球状星団M5のHR図。

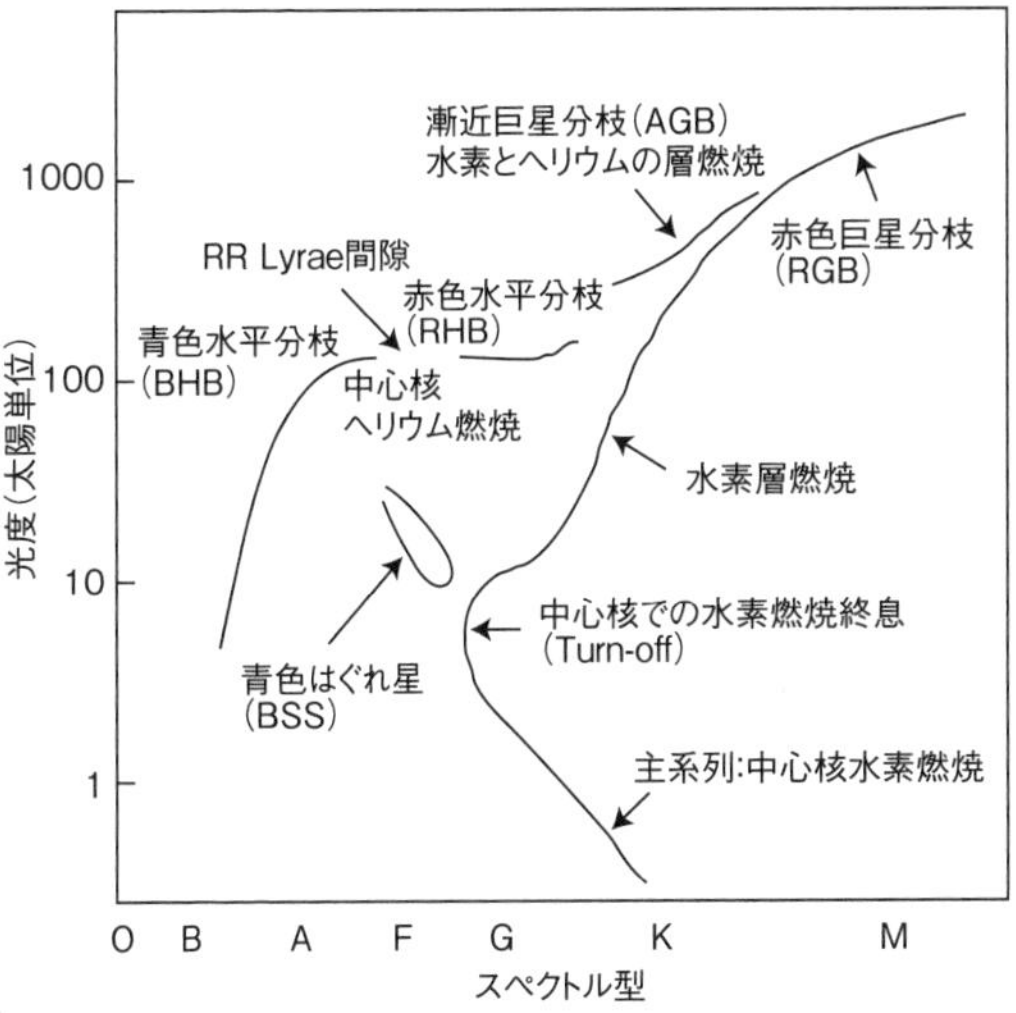

星の進化の種々の段階。

る。年齢と距離である。年齢は、Turn-off の位置から求めることができる。星団が若いときには、Turn-off は青くて明るい位置で起こるし、年老いているときには赤くて暗い位置で起こるのである。一方、主系列星の見かけの等級と理論的な絶対等級を比較するとその星団までの距離を求めることができるのである。

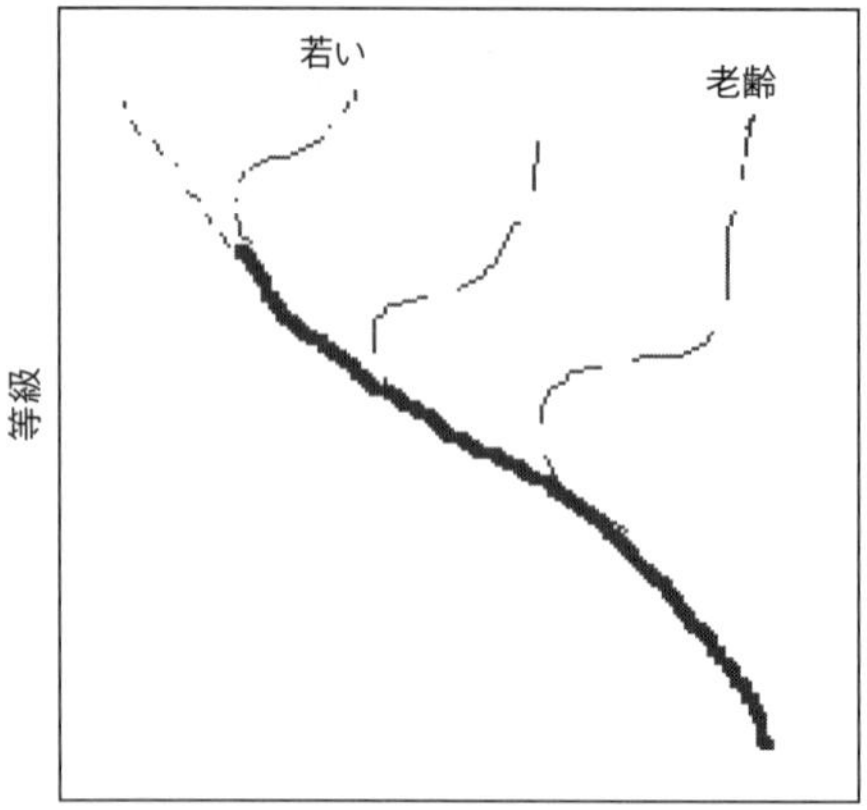

年齢が異なる３つの星団のHR図。

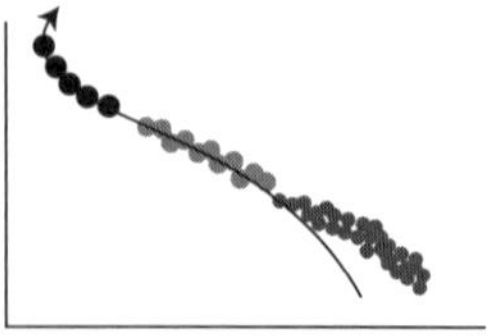

1.若い星団
質量の大きい星々は主系列にいるが、
質量の小さい星はまだ形成途中である。

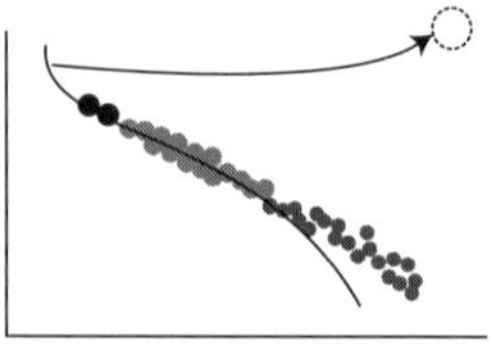

2.年齢1000万年
質量の大きい星々は主系列を離れ、
赤色巨星になる。

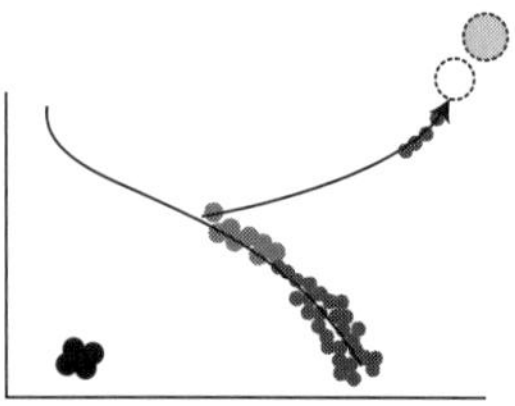

3.年齢10億年
巨星領域増加。
白色矮星が現れ始める。
太陽の質量の2倍程度の質量の星は、
主系列を離脱。

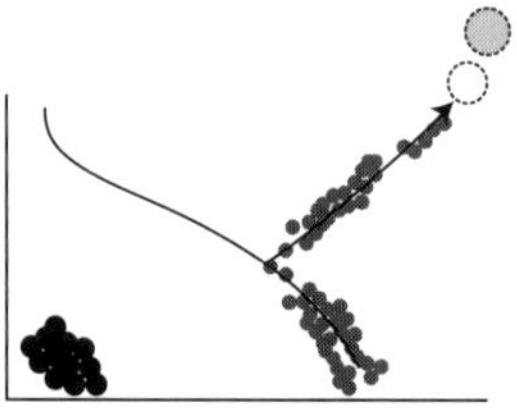

4.年齢100億年
主系列には赤色矮星しか残っていない。
多数の白色矮星が存在。
質量が太陽より大きな星は、もう主系列には
存在しない。

一つの星団のHR図上での進化。

第4章

脈動する星々

ヘンリエッタの革命

宇宙についての従来の考え方をひっくり返すような発見をした天文学者を一人挙げよと問われたら、皆さんは誰のことを考えるだろうか。古代のアリストテレス、プトレマイオス、ガリレオ、ケプラーを思い浮かべる人もいれば、近代のアインシュタインやハッブルを考える人もいるであろう。しかし、どうしてヘンリエッタ・スワン・リービットという女性天文学者を挙げないのであろうか。確かに、彼女の業績はあまり知られていないけれども、彼女がいなければ、宇宙の基本的なパラメータは精度良くわからなかったのである。例えば我々の銀河（天の川銀河）の大きさ、その中での太陽系の位置、あるいは別の島宇宙（銀河）までの距離などの基本パラメータである。彼女の業績がなければ、膨張宇宙の証拠を見つけることはできなかったであろうし、我々は宇宙を支配している一つの銀河の中心に位置しているという考えにいつまでも縛られていたであろう。ヘンリエッタ・スワン・リービットの名前はもっと引き合いに出されて然るべきなのである。

●ヘンリエッタ・スワン・リービット

1868年7月4日のアメリカ合衆国独立記念日に、ヘンリエッタはアメリカのマサチューセッツ州ランカスター市に生まれた。父親ジョージ・ロスウェル・リービットはどうも注意力に欠けていたようで、最終的には7人の子どもをもうけたのではあるが、この新生児に母親ヘンリエッタ・

スワン・ケンドリックの名前と同じ名を付けた。ジョージは、国内では有名な会衆派教会の牧師であった。彼の家族は、一番古くからアメリカに居を定めた家系でもあった。その先祖は1628年に新大陸に向けて出港したのである。父親の期待に背くことなく、母親であるヘンリエッタとその子どもたちは清教徒（ピューリタン）らしい生活を送っていた。何よりもまず家族の評判が落ちないように気を配っていたのである。ヘンリエッタ・リービットは、家族の中でも一番信心深かったといわれている。

このような古風な環境であったものの、ヘンリエッタは教育を受ける機会、それも科学を学ぶ機会を得ることができた（原注1）。1886年に父親がオハイオ州に転じたとき、彼女はオーバリン大学に入学した。第一学年時は音楽を学んだが、その次の年以降は科学に変更した。1888年には女性のためのハーバードと呼ばれるラドクリフ・カレッジで勉強を続けた（このカレッジは、女性にも男性と同じような教育を提供する目的で設立されたもので、「ハーバード・アネックス（ハーバード大学の別館）」とも呼ばれた）。1892年、大学生活の最後の年に、子どものときから関心をもっていた天文学を受講した。この講義に触発されて、1000年以上も続くこの科学に情熱を捧げたいと思うようになった。もっと知識を深めたいとの思いから、もう一年ラドクリフ・カレッジに在籍して学問に励んだ。

しかし、彼女は辛抱して学業を続けることができなくなり、色々考え迷った末に家に帰ることに

（原注1）これは、機械技術者の叔父エラスムスが彼女に科学に対する興味を引き起こしたのであろうと思われる。

した。それから2年間は学問から離れていた。たまには旅行もしたし、時には教鞭を取ったりした。実は彼女は病気を患ってしまって、完全には回復していなかったのである（原注2）。この自身の健康問題があったものの、星の世界への情熱を失うことはなかった。1895年には無給の助手としてハーバード天文台に勤めることになった。ピッカリングの「ハーレム」の一員となったのである（第3章参照）。

その職に就いたとたんに、彼女の知的な才能が姿を現わすようになった。彼女は特に星の測光という分野で力を発揮したのである。星々の明るさを測定するという仕事である。当時この分野では、目視で星の明るさを測るという方法から写真を利用して測るという方法に移り変わる最中であった。この写真測光法がより正確な結果を得られる見込

図4-1　ヘンリエッタ・スワン・リービット

（原注2）アニー・ジャンプ・キャノンと同様に、ヘンリエッタもほとんど失聴状態であった。いつからそうなったかは不明で、1888年、1893年、1900年、1908年と色々な説がある。

みがあったため、これまでの測光の方法を写真測光に移行するように調整がなされている最中であったのである。従来の目視による方法は、観測者の視力が落ちたり観測者ごとに結果が違ったりすることが避けられなかった。写真測光の方法は、そのような眼視観測のあいまいさを取り除けるので、もっと正確な観測ができるようになったのである。そのおかげで、明るさが変わる星（変光星）の研究が大きく前進するようになった。写真測光法で明るさの変化を捉えるには次のような方法がとられる。違った日時に撮られた2枚の写真乾板を用意する。片方を陰画《ネガ》にして他方を陽画《ポジ》にして重ねてみる。明るさが変わらない星の場合は、2枚の像が重なり合って灰色の点として星は見える。ところが変光星の場合には、明るいときの星の像は大きい点として、また暗いときは小さな点として写っているので、重ねたとき白い輪（あるいは黒い輪）として見える。この輪の大きさを測るとどれだけ明るさが変化したかわかるのである。

この写真測光では、ヘンリエッタは誰にも負けない力を発揮して第一人者となった。彼女はその一生で2400個もの変光星を発見することになるのであるが、その数は当時知られていた変光星の半分にも達していたのである。プリンストン大学のチャールズ・ヤングが、ピッカリングに彼女のことを評して、「まるで変光星の鬼だね。彼女の発見のペースにはとても追いつけない！」と言ったほどである。ヘンリエッタは写真乾板を重ねるという方法で新星を四つも発見した。

1900年にいくつかの変光星についての研究論文の第一稿を書き上げたときに、ヘンリエッタは実家に帰ることになった。病のためであるとか家族の問題があってとか言われているが真相は今もってわかってはいない。ピッカリングは貴重な人材を失うことに危惧を抱いて、彼女に戻ってくるように説得をした。そこで、彼女は最初、自宅に資料を持ち帰って仕事を続けるという提案をしたが、ピッカリングは、給料を上げるのでハーバードに帰ってくれるようにと説得を続けた。そして、何かの都合で他の天文台へ移るような事情があるのなら、資料を自宅にもっていってよいというところまで妥協した。1902年8月になって、ヘンリエッタはピッカリングの依頼を受けることにした。時給30セントの正規職員としてハーバードに属することになった。ピッカリングはさっそく彼女を恒星測光部長に任命した。

ヘンリエッタは慣れ親しんだ変光星の研究を続けた。その結果、彼女自身の言葉を使うと「普通ではない多数」の変光星を発見した。1908年には、マゼラン雲の中にある1777個の変光星のカタログを刊行した。この書物の中で、後の彼女の大発見となるセファイド変光星の周期－光度関係について初めて言及した（155ページ参照）。

ところが何ということか、彼女はまたまた病を患ってしまい、ウィスコンシン州の実家に帰ることになった。しばらくして、彼女が少し元気になったときには測定の仕事を継続した。ピッカリングは、今度は喜んで資料を送り届けたのである。彼女は病気が全快すると早速ハーバード天文台に戻った。1911年に父親が亡くなったあとは、母親がハーバードに移ってきて一緒に住むことになった。

1912年、彼女は新しいカタログを出版し、その中で周期－光度関係を正確に記述した。同時にいくつかの仕事をやり遂げた。食変光星（訳注1）アルゴルの光度曲線をヘンリー・ノリス・ラッセルの計算のために研究したこと、それほど明るくない星の色を正確に決めようとしたこと、恒星の写真等級と実視等級との間の正確な関係を定める方法を研究したことなどである。さらには、彼女が恒星測光の専門家であったので、星の等級の基準星リストを作るようにも依頼された。一般的に、地上観測で星の等級を測定するときには、そのときの空気の透明度によって見かけの明るさが変わり、等級を決定しがたいという問題がある。この問題を避けるには、基準星リストがあれば良い。空気の透明度の影響は観測対象の星も基準星も同じように影響を受けているはずなので、観測対象の星の見かけの明るさと基準星の見かけの明るさと比較すれば等級を決めることができるからである。彼女は、まずは北極星の近くにある星を使って、「北極系列」というリストを作成した。このために、彼女は13か所の天文台で撮影された300枚の写真乾板を解析することが必要であった。精度を上げるためには、異なる観測所ごとの異なる特性を考慮に入れて写真乾板を解析する必要があった。やっとの思いで完成した基準星リストは世界中で採用された。このリストは現代の新しい記録方法が開発されるまで、世界標準としての位置を占めていた。この一番目のリストが成功したため、それに勢いを得て学会の人々はまた別のリストを作ってほしいと要望を出した。ヘンリ

（訳注1）二つの星が互いに相手の星の周りを回っているとき、連星系であるという。このとき、それぞれの星は一つの平面内で相手の星の周りを回る。地球から見た時に、この軌道面を（ほぼ）真横から見るような配置になる連星系がある。この場合、地球から見て一方の星が他方の星の全面を横切ったり、後ろに隠されたりすることが周期的に起こる。このため、連星系の明るさが周期的に変化する。ちょうど日食現象と同じ仕組みで明るさが変化するので、このような連星系を食変光星であるという。

エッタはこの望みに応えるために、天球の108もの領域について基準星を決定したのである。

ヘンリエッタは、質素で軽薄でないことを身上としていた。天文観測者は、熱情にかられて仕事をするタイプの人が多い。彼女は少し違って、淡々と仕事に勤しむのが常であった。とはいえ、近代的な考えももっていた。女性はすべての職種に進出するべきであると考えていた。そして、見込みのありそうな女子学生には社会で活躍する道に進むように励ましていた。天文学上では、彼女は自分の仕事が他の人の発見につながる基礎となることに喜びを見出していた。たとえ自分の仕事が認められなくても、それでよかったという考えをもっていたのである。彼女は、「ハーバードで働く女性の中で最も輝いている」と評されたのであるが、ウィリアミナやアニーほど有名ではなかったのである。しかし、あまり世間に知られなかったということで、失意で仕事の第一線から身を引いたわけではなかった。彼女は自分の仕事の素晴らしさを自ら広めようとすることが性に合わなかったようである。彼女の伝記の中で不明な点が多々あるのもこの性格のためであろうと思われる。

1925年、スウェーデン科学アカデミーのミッターク＝レフラー教授から、周期－光度関係の発見に対して1926年のノーベル賞に指名したいとの手紙が彼女に送られた。その手紙に返事を書いたのはハーバードの台長ハーロー・シャプレーであった。その返信には、「彼女はノーベル賞を受けられない。彼女は1921年12月12日にがんで逝去した」というものであった。彼女の死はハーバードの人たちにとっては大きな「不幸」であったゆえ、公表されなかったのである。このために、ノーベル賞選考で、死者を指名するというあり得ないことが起ったのである。

◉ヘンリエッタの発見と宇宙の距離

1908年にヘンリエッタは、マゼラン雲の中にある1777個の変光星のカタログを出版した。そのうち16個の変光星が多数の乾板で撮影されていたので、ヘンリエッタはそれらの変光星の光度の変化周期を決めようとした。そして奇妙なことを発見した。「カタログの表Ⅳをみると、光度の大きな明るい変光星はその周期が長いという興味深いことに気づく」と注記した。出版当時、このちょっとした注記は誰にも気づかれなかったが、実はこのことが宇宙についての見方に大激変をもたらすのである。

その後4年かけて彼女は研究を深めていった。資料となる変光星の数も25に増え、周期も1日から130日までの間の変光星のデータが集まった。この資料を用いると、確かに、変光星には周期-光度関係が存在するのである。もはや疑いがなくなった。彼女は1912年に発表した論文でこの関係の存在をはっきりと強調した。そして、その関係を示すグラフも添えたのである。ヘンリエッタは、この関係が確かめられたことによってどのようなことがいえるのかを完全に理解していた。「マゼラン雲の中にある変光星なので、これらの変光星の地球からの距離は同じと見なしてよい。

これらの変光星の周期は、実際それらの星から放射される光の総量（光度）と関係しているのである。距離の違いによる見かけの明るさの違いは影響していないのである。そして、この光度はその星の質量、密度と表面輝度で決めることが可能となるのである」。簡単にいうと、彼女は「宇宙の標準光源」を発見したのである。

この貴重な結果の重要性をよく理解するために、少しの間、星までの距離を考えてみよう。実のところ、この大事なパラメータを決めるのは極めて難しいのである。ある星を見てみたとき、その明るさが遠くにある明るい灯台を見ているのか、それとも近くにいるほのかに光る蛍を見ているのか、どのようにして区別できるのであろうか。実際上、星までの距離を何の仮説も置かずに求める方法は少ししかない（149ページ囲み記事参照）。しか

図 4-2　大マゼラン雲（右上）と小マゼラン雲（左下）。

し、宇宙の中に標準光源があると、距離を求めることは格段に易しくなる。この標準光源の役割を果たすのが、星の光度（絶対等級）という量である。同じ明るさの街灯があって、そのうちの一つが一定距離離れていて、もう一つのものがその倍だけの距離離れている場合を考えると、遠方にあるものの明るさは近くにあるものの明るさの4分の1に見える。本当の街灯の明るさと、見かけの明るさとを比較すると、距離を確定できるのである。

星までの距離を直接測るには？

最も簡単な方法は、視差を利用することである。この方法は日常でも利用されている。腕を伸ばし、親指を立てたものとする。この親指を右目と左目で交互に見たとき、遠くのものに対してその見える位置がずれて見える。これを視差という。腕を半分くらいまで縮めて同じこと

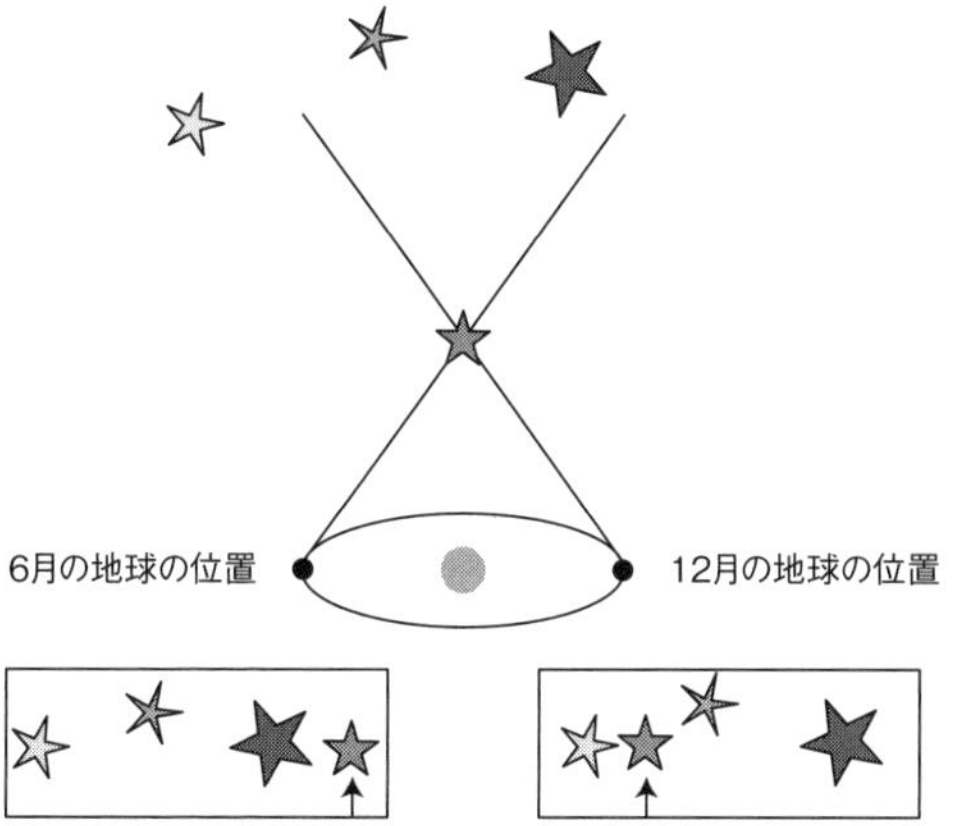

近くの星までの距離を求めるのに視差を利用する方法。
地球−太陽間の距離はわかっていることを前提としている。

をすると、距離が短くなった分、左右の視差はより大きくなる。この方法を星に適用して、星までの距離を測ることができる。この場合、背景となるのは遠い位置にある星や銀河であり、親指が近距離にある星にあたる。左右の目で見るということは、太陽の周りを地球が公転するときの6か月離れたときにいる地球の公転軌道上の二つの対向点から見るということになる。

他にも直接的な距離測定法がいくつかある。ところが、これらの方法は少し複雑で、特別な星の特徴を利用するものである。膨張する星雲、運動する星団、超新星の爆発などを利用するのである。この直接的な方法は、ヘンリエッタが発見した周期－光度関係や、分光視差を較正するのに利用される。分光視差とは、ある星のＨＲ図上の位置から絶対光度を評価し、それと見かけの等級から距離を求める方法である。

ヘンリエッタの発見した周期－光度関係の意味するところを、順を追って考えてみよう。彼女の変光星のサンプルの中で25個が小マゼラン雲に属していた。これらの星々は、地球から見るとほぼ同じ距離であると考えてよい。パリから見たときにニューヨークの人々は、ほぼ同じ距離にいると見えるようなものである。よって、同じ距離にある25個の変光星の明るさの違いは、そのままその星々の実際の明るさの違いになるのである。ヘンリエッタは、この実際の明るさの違いと変光周期の間にある

関係が存在することを発見したのである。

ヘンリエッタが発見したこの関係を、距離を測る強力な手段とするためには、較正という作業を行う必要がある。少なくとも一つの変光星についてその絶対的な光度を求めて、この関係を周期－絶対光度とすることが必要なのである。この関係が確立すると、どこにある変光星でも、周期を測定して絶対光度（あるいは絶対等級）が求まり、それと実際観測したときの見かけの等級を比較すれば、その星までの距離を求めることができるのである（原注3）。

このことがあって、少なくとも一つの変光星について何か信頼できる方法で距離が定められないかとヘンリエッタは考えていたのである。それができると周期－絶対光度（絶対等級）関係が完成するのである。それが完成すると、宇宙全体の距離を測れるようになるのである。

この較正作業が残された問題であったが、ヘンリエッタ自身はそれを行うことができなかった。ピッカリングは、この星々までの距離を求めるという理論的な研究とは違うことを研究していた。この問題でも、アイナー・ヘルツシュプルングが、「ハーレム」の力を利用しようと考えていた。ヘンリエッタの求めた関係が大変有効であるとわかっていたので、その関係の較正が大事であると判断したのである。１９１３年に彼は統計視差を使う手法で、13個の変光星までの距離を求めようとした。このときにはヘンリエッタのサンプルとなった変光星はセファイド変光星（原注4）という名前で呼ばれていた。この統計視差から距離を求める手法は、遠近法効果を用いることであった。

（原注3）現在、宇宙の距離を測る標準光源として、超新星や銀河内の最大光度ガス雲が使われている。しかし、ヘンリエッタの発見した周期－光度関係を使う方法は、直接測定法に次いで信頼できる距離測定法である。

（原注4）このセファイド変光星という名前は、ケフェウス座デルタ星がこの型の変光星であったことから、英語読みのセファイドに由来する。ケフェウス座δ型変光星ともいう。この型の星は、黄色の巨星である。表面温度は、太陽（約6０００度）とほぼ同じであるが、その光度は、太陽の1０００倍から10万倍大きい。質量は、太陽質量の5倍から20倍である。

平均的には空間内で停止している星々の中を太陽が移動していくとすると、その進行方向に位置する星々は太陽からの距離に応じて天球上で離れていくように見える。一方進行方向と逆方向にある星々は天球上で互いに近づくように見える（図4－3参照）。ヘルツシュプルングはこれを利用して距離を求め、さらには実視絶対等級をヘンリエッタの用いた写真絶対等級に変換して、周期－光度関係を較正することに成功した。これを用いて小マゼラン雲までの距離を求めたところ、3万光年という結果を得ることができた（原注5）。

較正を行ったのはヘルツシュプルングだけではない。5年後、ハーバード天文台の新台長ハーロー・シャプレーも試みた。ヘルツシュプルングが用いた13個のセファイド変光星のうち2個は特

（原注5）もっとも、この結果を公表したときには印刷のミスで3000光年となっていた。現在では、この距離は19万光年と求められている。

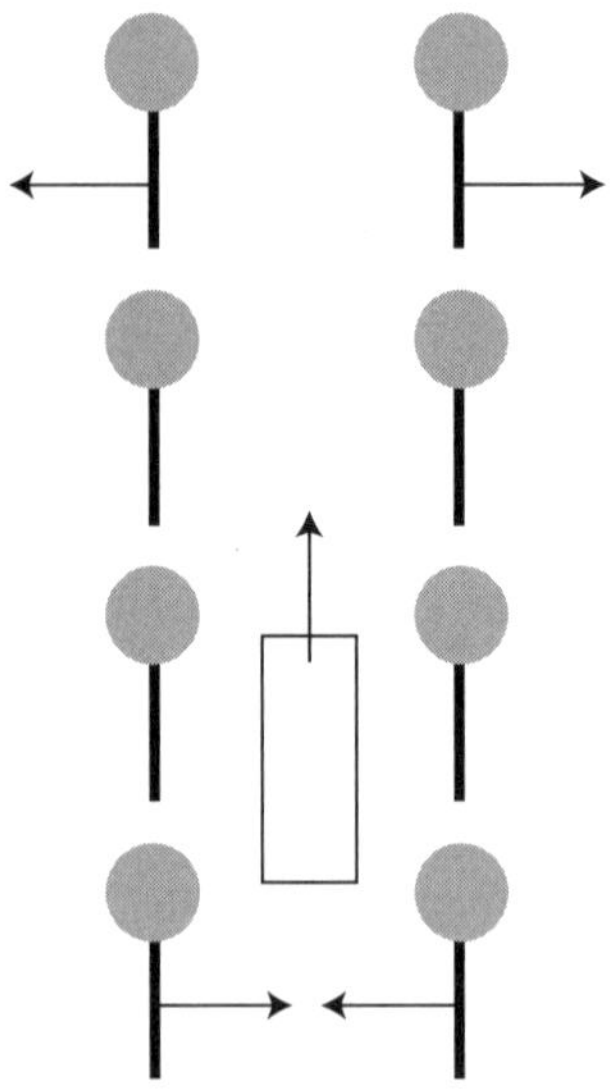

図4-3　統計視差の方法：並木道を自動車で通過するとき、前方の木は左右に離れて行くように見え、後方の木は左右から近寄ってくるように見える。これは遠近法による見かけの運動である。近くにある木々の動きは大きく、遠方の木々の動きは小さい。自動車を太陽に置き換え木々を星に置き換えても同じことがいえる。星までの距離に応じて、星の天球上の運動（固有運動）が大きく見える。逆に固有運動を測って、星までの距離を求めることができる。

異であるとして除き、残り11個についてヘルツシュプルングと同じ方法を用いて較正を行ったのである。ただし、等級は自分自身が観測をした。残念ながら、シャプレーはこの較正作業の中で大きな過ちを犯していた。星々の明るさを本当の明るさより4倍暗いものとしていたのである。これには色々な原因が考えられる。一つには、ヘルツシュプルングもそうであったが、星間塵による吸収を無視したことにある（原注6）。もう一つは、使用したサンプルの数が少な過ぎて、統計上正しい結果が得られていなかったということにもある。これらのことから正確な較正ができなかったのである。さらには、太陽も周りの星々も実は天の川銀河内で回転運動しているということも考慮に入れていなかったのである。

その少し後に、周期‐光度関係に関連して、シャプレーはもう一つミスを犯してしまった。すでにヘンリエッタが10年前に指摘していたことであったが、シャプレーは球状星団の中にも周期的変光星があることに興味をひかれた。彼は、この新型の「セファイド」について、光度と周期を測って、ヘンリエッタと同じような周期‐光度関係に従うことを見出した。ヘンリエッタの周期‐光度関係が一般的なものであると判断して、この球状星団で見つかった周期‐光度関係もヘンリエッタの発見した周期‐光度関係と全く同じものと判断してしまったのである。これがシャプレーの過ちであった。ヘンリエッタの場合は「長周期のセファイド」で、周期の短い「球状星団のセファイド」とはそれぞれ別の周期‐光度関係に従っているのである。今日では「球状星団のセファイド」は、

（原注6）星間塵による吸収は1930年になって初めてわかったことではある。

こと座RR型変光星と呼ばれているものである。この2種類の変光星が従う周期‐光度関係は、よく似た形であるが別のものである。シャプレーは、自身が導き出した関係を用いて、宇宙の大きさを導き出して、「大論争」を巻き起こした。太陽は天の川銀河の中心に位置していないことを提示したのである。(ただし、我々の銀河の直径を正しくは10万光年のところを30万光年という誤った値を用いていたのではあるが。)学会から批判が起こったときは、小マゼラン雲で彼自身が見つけた13個のこと座RR型変光星が予期した光度であるとして反論した。実際上は、彼は誤っていた。13個のこと座RR型変光星は天の川銀河に属するもので、小マゼラン雲には属していなかったのである。30年後にガポシュキン夫妻がそれを指摘したのだが(第3章参照)、当時はシャプレーの考え方が正しいとして受け入れられてしまった。

しばらく後になって、エドウィン・ハッブルが、別の二つの銀河、アンドロメダ銀河(M31)とさんかく座銀河(M33)の中にセファイド変光星があることを見つけた。彼は、ヘンリエッタが見つけてシャプレーが較正した周期‐光度関係を用いてその銀河までの距離を求めたところ、極めて遠方にあることが判明した。したがって、これらの銀河は、我々の銀河に属するというものではなく、全く別の銀河であると判断されたのである。この後、ハッブルは宇宙膨張説につながる法則を発見した。このときもヘンリエッタの発見した周期‐光度関係が利用されたのである。

ヘルツシュプルングとシャプレーの較正の誤りは、徐々に訂正されていった。第二次世界大戦後、ウォルター・バーデがアンドロメダ銀河内の球状星団の光度を測ろうとして、パロマー天文台の新望遠鏡で調査を始めた。シャプレーの較正が正しければ、この望遠鏡なら十分見えるはずであったが、少しも観測できなかった。この原因を探求した結果、バーデは問題を解く鍵を見つけることができた。それに先立つ1944年に、バーデは星には種族があるということを発見していた。銀河面に位置している通常の種族Iの星と、球状星団に位置する古くて金属量の少ない種族IIの星である。シャプレーは、光度の違う3種類のセファイドを区別していなかったので過ちを犯したのである。正しくはセファイドには、種族Iの星で古典的セファイドとも呼ばれる長周期のI型セファイド、種族IIの星でおとめ座W型とも呼ばれる長周期のII型セファイド、そして種族IIの星でこと座

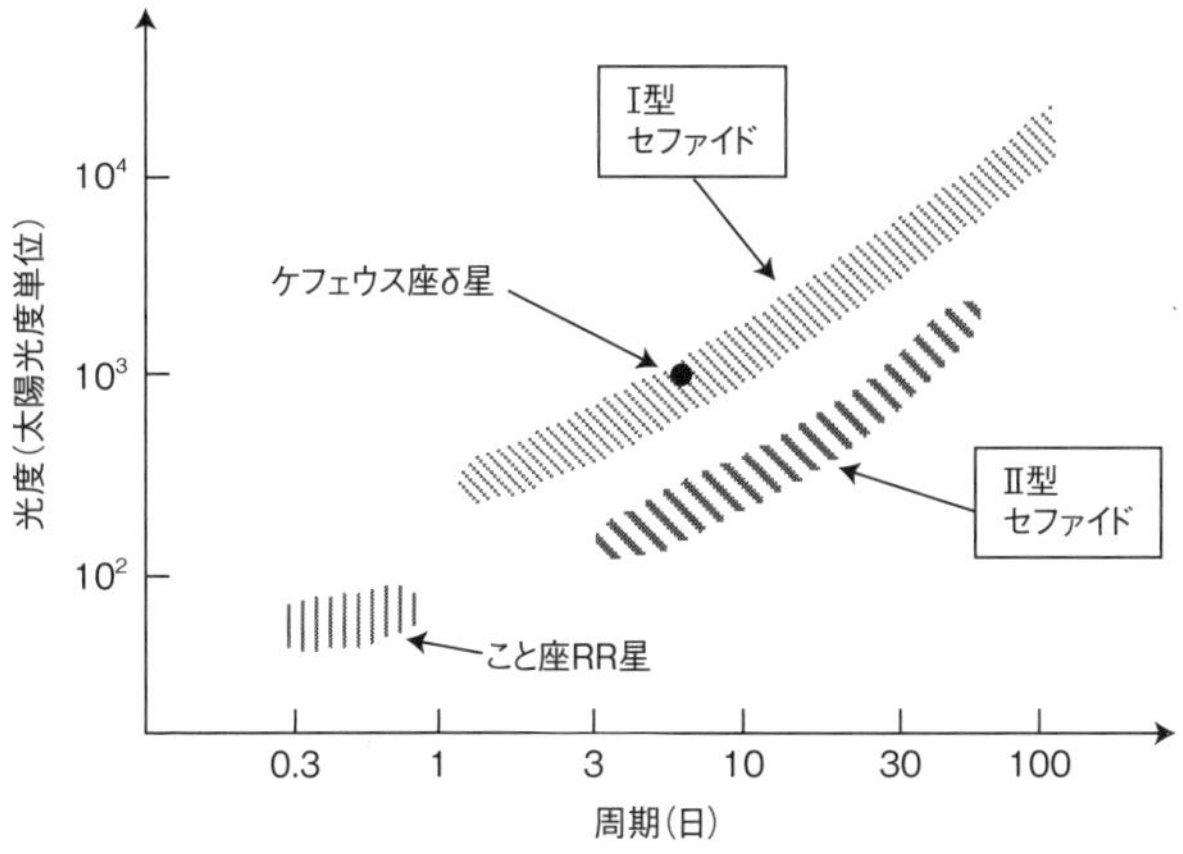

図4-4 現在わかっている周期－光度関係(コーネル大学、テリー・ハーターによる)。

RR型ともいわれる短周期のセファイドの3種類があるのである。1952年のローマで開かれた国際天文学連合総会で、バーデは較正の改訂とその結果について公表した。それまでに知られていた銀河までの距離はすべて倍の長さになるという結果であった。宇宙の大きさは一挙に膨らんだのである。その後、バーデの結果が正しいことが確認され、ヘンリエッタの発見した周期－光度関係はやっと正しく較正されたのである。

最後にまとめると、ヘンリエッタの発見した周期－光度関係は、当初は較正が間違っていたものの、それが正しい形で利用されるようになると、二つの意味で天文学上の革命を引き起こしたのである。太陽はもはや天の川銀河の中心に位置しているわけではないということ、そして、天の川銀河も特別なものではなくて、その他の銀河と同列のものであることをはっきりと示すことができたのである。この周期－光度関係は今日でも利用されており、遠方の距離を測る最適な方法と考えられている。しかしながら、ケプラーの法則やニュートンの法則は、それぞれ発見者の名前が付与されているのに、この周期－光度関係には発見者の名前が付けられていない。フランスのシモーヌ・ド・ボーボワールがいう「第二の性」である女性に敬意を払うのを恐れているのであろうか。女性が発見などするはずがないと思われているのであろうか。この周期－光度は近代天文学にとって極めて大事な結果をもたらしたのに、そっけなく「周期－光度関係」として参照されるだけである。いつの日か、学校で少女たちにハッブル、ケプラーと並んでヘンリエッタ・リービットの名前が教えられることを願うばかりである。

◉ヘンリエッタの星々 ――ゆっくりと脈動する星々

セファイド変光星は宇宙の遠方の距離を測るのに役に立つ。しかしこの変光星は何ゆえに光度が周期的に変わるのであろうか。これはその星の表面が物理的に定常的な振動を起こすことに関係している。一般的に言ってどのような星でも常に振動はしている。星によってその振動の様子は異なっている。太陽は何千という小さな領域が小さな振幅で揺れているのに対して、セファイド変光星のように脈動している星の振動はその揺れ幅が大きく光度もスペクトルも変わるのである。セファイドの場合は、動径振動といわれて星全体が膨張してやがては収縮するが、球形という形は保ちつつ振動する。その他の種類の星々は非動径振動といわれる複雑

図 4-5　p モード振動の様子。

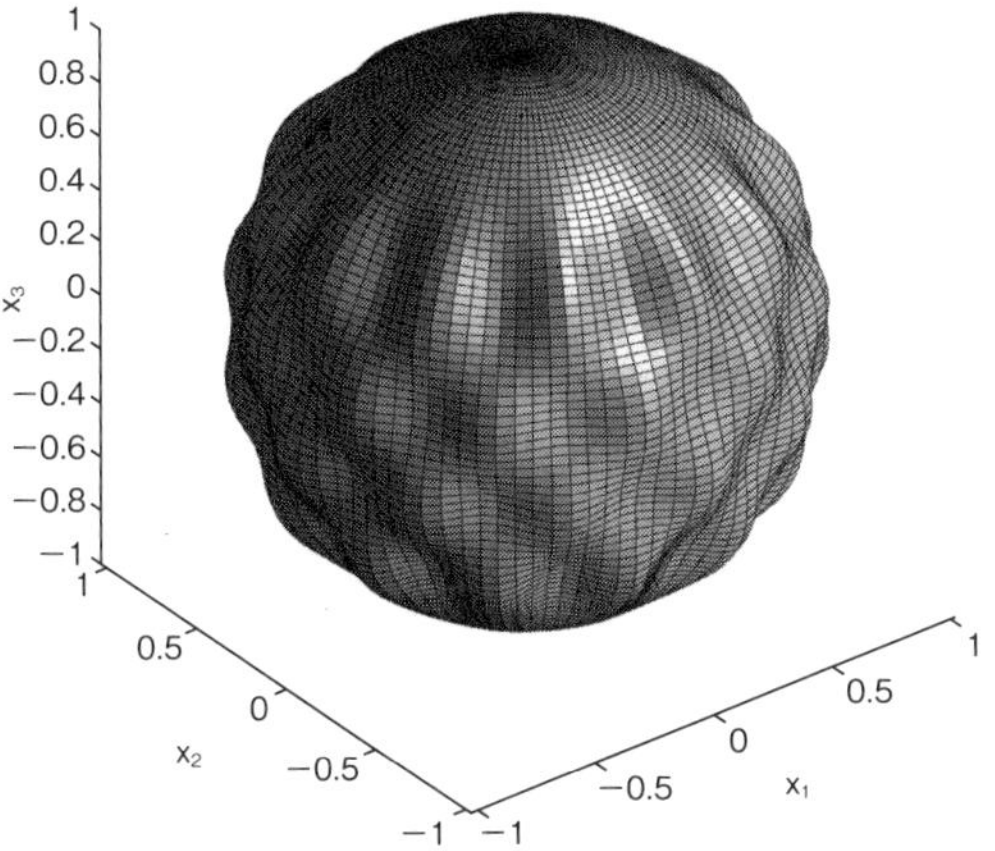

な振動を示す。経度線や緯度線で仕切られた大きな領域ごとに位相の異なる振動をするのである。

ではこれらの振動はなぜ起こるのであろうか。物体が振動するには、平衡位置からずらす起動力と、ずれを元に戻す復元力の二つが必要である。復元力から考えよう。振り子を持ち上げておもりを放すと振動を始める。これは平衡位置に戻す復元力（この場合は重力）が働くからである。星の場合も同様であるが、星の振動の復元力にはいくつかのものがある。

・pモード（pressure, 圧力モード）と呼ばれるもので、ガスの圧力が復元力となっているもので音の波とよく似ている。圧縮されたガスの層は膨張しようとするし、膨張したガスの層は収縮しようとする。セファイドの振動はこのモードである。

・gモード（gravity, 重力モード）と呼ばれるもので、アルキメデスの浮力が復元力になっている。重いものが沈み軽いものが浮く力である。この場合、ガスの動きは上下方向よりは水平方向の方が大きくなる。重力とガスの圧力が共に復元力として働く場合もある。簡単な揺れ方をする天体では、ちょうど池に石を投げ込んだときに水面に起こる表面の波（表面重力波）のように振動する。

・rモード（rotation, 回転モード）は、トロイダルモードとも呼ばれるもので、この場合復元力はコリオリ力（訳注2）である。

（訳注2）地球表面で、北半球の低気圧の周りでは反時計回りの流れが起こる。これは、低気圧の中心に向けて風が吹き込もうとするとき進行方向を右へ曲げようとする力が働いているからである。この例のように、回転している天体の表面上で物体が運動するとき、その進行方向に直角方向に力が働く。これをコリオリ力という。

振動が起こるためには復元力だけでは不十分で起動力が必要である。太陽の場合は、中心部から表面に向けて運ばれる熱が表面近くで起こす乱流状態の対流が振動の起動力になっており、小さな振幅でランダムに働く。ちょうど鐘にたくさんの小さな砂粒をランダムに投げつけるようなもので、確かに鐘は揺れるが振幅は小さい。もっと効率的に働く起動力はカッパ機構といわれるものでセファイドなどの周期的変光星の起動力となっているものである。この機構は、星の内部でガスの電離が効率的に起こっている深さ領域があり、そこでは大量のエネルギーをため込んで高温となりガスが膨張した後、やがてはエネルギーが放射されて温度が低下することを繰り返す、一種の熱によるモーターの役割を果たしている。これにより大きな振幅の振動を引き起こしている。その他にも、伴星の潮汐力が起動力になっている場合もあれば、質量の大きな星では熱核融合反応が振動を起動している場合もある。

セファイド変光星を利用して星までの距離を求めることができたが、それ以外に星の振動という現象の研究から何かわかるのであろうか。実は、星の内部の様子がわかるのである。もともと我々が目にすることができる星からの情報は明るさであるが、その光は星の外側のほんの薄い層から放射されているものである。太陽の場合は、中心から70万キロメートルの半径を伝わってきた光が、その表面のわずか数百キロメートルの層から放射される光のみを見ているのである。これだけでは、星の表面の薄皮の部分の情報しか得られず、内部の状態は知れないのである。ところが、星の振動現象は星全体が揺れているのであり、その解析から内部の情報が引き出せるのである。壁の向こうに隠れた情報を引き出せるのである。これは、地震の波によって地球の深部の様子がわかるのと同じである。楽器を例に取って考えてみよう。楽器の振動の周期や振幅は、その内部構造によって大きく異なる。鐘を鳴らすときに、その音は鐘の大きさと材質に依存する。小さな鉄の鐘と大きな青銅の鐘とは、鳴る音が違うはずである。同じように、星の振動の場合も、その星の質量、化学組成、年齢によって変わる自転速度によって振動の様子は異なる。大雑把に言うと、「小さな」星は「大きな」星より高い周波数で振動するのである。ちょうどセントバーナード犬よりヨークシャーテリアの方が高い声を出すようなものである。さらに言うと、振動の周期がわずかに二重化する現象を調べると、星の内部の自転の様子までわかるのである。振動現象というのは天文学においては、星の内部を切り開くスイス製のナイフのようなものである。

第5章

星の工場

マーガレットの戦い

我々は日常生活において、無数の品々を使っている。細かく見れば原子、分子などでできているこれらの品々に我々は慣れ親しんでいる。そして普段は、この日常の品々を作り上げている色々な原子がどのようにして作られたのかあまり気にすることはない。このような種々の元素は初めからあったわけではないのである。人間の生活圏にそのような元素があることは事実であるが、これらの元素は、星々が長い年月をかけて合成してきたのであり、それを宇宙全体に拡散させてきたのである。

このことを明らかにしたのが一人の女性、マーガレット・バービッジである。夫および友人たちの助けも借りて、彼女はこの根源的な発見を成し遂げたのである。

•エレアノール・マーガレット・ピーチー・バービッジ

◉科学に囲まれて育った幼少期

マージョリー・ピーチーは、この優れた科学者マーガレット・バービッジの母になるにふさわしい人ではなかろうか。この母にしてこの娘ありという人であった。17歳のマージョリーの知的な才能は、誰もが認めるほど優れていた。ところが、父親は彼女の才能が「女性的な」ものに向かうこと、すなわち将来結婚した後の家事に役立つ教育を受けさせようと望んでいた。ところが、彼女の教師は、父親の言うことには耳を貸さなかった。マージョリーには、マンチェスター工科大学の入学試験を受けたいと父親に頼み込むようにと勧めるほどであった。彼女は見事に合格した。父親は進路についてもはや何も言わなくなった。

マージョリーは大学に入学して化学を専攻する道を選んだ。当時、女学生が化学を専攻することは極めて稀で、女学生は二人だけであった。この専攻を選んだことがきっかけとなって、無機化学の教師であるスタンレー・ジョン・ピーチーと知り合った。彼女の将来の夫である。親の反対はあったものの、二人は1916年に結婚し、3年後の1919年8月12日にエレアノール・マーガレット・ピーチーが生まれた。マーガレットは両親の優秀な頭脳を受け継いでいたし、特に母親からは自然科学への強い関心を引き継いでいた。12歳の頃には、自身の「自然科学」を勉強したことをもとに、母は第一次世界大戦の休戦の最中に自分を身ごもったのだと母親に告げたが、母親は幾分あきれて答えようともしなかった。

マーガレットが天文学に触れたのはごく幼いときであった。4歳のときに両親に連れられて英仏海峡を船で渡ることがあった。そのとき彼女が船酔いしたため、母親は新鮮な外気にあたらせようとした。そのとき、ついでに星空を見せてあげた。その星空の美しさにマーガレットは虜になってしまい、星空への憧れを生涯持ち続けることになったのである。両親はマーガレットの好奇心を刺激して、科学に興味をもつように教育した。児童科学書を彼女に土産にあげたおかげで、マーガレットは学校に入るまでに本を読めるようになっていた。双眼鏡をプレセントしてもらったときには、それで星空を心行くまで観察できたので手放せなくなったほどであった。まだその仕組みが理解できない月の満ち欠けを熱心に調べたり、子ども向けの定期購読誌で知った天文現象を観察したりしていた。12歳の頃、祖父から著名な天文学者ジェームズ・ジーンズの書籍を何冊かもらった。彼女はその本を文字通り耽読した。母親にはこの本は「すごく面白い」ので、早く眠るようにせかせないでほしいと訴えるほどであった。この本を読むことで、地球に一番近い恒星（アルファ・ケンタウリ）が、26兆マイル（40兆キロメートル強、約4・3光年）離れているということを初めて知った。まさしく天文学的な巨大数であった。この巨大な数が彼女の天文学への関心をますます高めることになった。宿命であったのか、将来、彼女は星々までの距離を自分で決めていくことになるのであるが。

彼女の高校生活はそれほど役には立たなかった。フランシス・ホランド女子高は科学を学ぶには適当ではなかった。その学校では、ほんの基礎的なことしか教えていなかった。しかし、学校の科学の教師に熱心な人がいて、マーガレットには色々教えてくれた。彼女の高校生活の最後の学年は、学校の授業内容は理解済みであまり学ぶことがなくなっていた。17歳の誕生日がきて大学受験資格を得ることを待つだけだった。その待機の日々を彼女は様々な科学の授業を受けることに費やした。同級生の多くが文科系の勉強をするためにオックスフォード大学を目指していたが、彼女は科学を勉強するためにユニバーシティー・カレッジ・ロンドン（UCL）を目指すことにした。母親がUCLを薦めたのではあるが、そこで天文学が学べることを知って彼女はすぐに決断したのである。アマチュア天文学者で終わるのかと思っていた彼女は、好きな天文学の専門家になれることで喜び勇んだのである。

◉第二次世界大戦のとき

大学の3年生のときには、マーガレットは天文学の卒業論文を書き上げた。そのとき1939年で、第二次世界大戦が始まろうとしていた。教授の一人であるクリストファー・クライブ・ラング

図5-1 「完成品」を前にするB^2FH。マーガレット・バービッジ、ジョフリー・バービッジ、ウィリアム・ファウラー、フレッド・ホイル。

トン・グレゴリーが、「天文計算係」として働いてみないかと勧めた。その職には簡単に就けたけれども少しも楽しくはなく、たった一日働いただけで辞めてしまった。無職となったので、母親が働いていた空襲監視局という空襲対処組織で働くことにした。そこは、空襲の被害者を援助して世話をするところであった。しかし、この仕事も打ち切らざるを得なかった。グレゴリー教授がきて、戦争で男性が皆駆り出され、天文台で働く人間がいなくなったので代わりに働いてくれと申し出たのであった。マーガレットは喜んでその申し出を受けた。

天文台での仕事は、建物の維持管理、装置の整備、資料の調査、光学機器のアダプター作成、庭園管理そして研究という雑多なことであった。他に誰もいなかったので、彼女は24インチの望遠鏡とその分光器を好きなように使うことができた。この装置を用いてＢｅ型という高温度星の研究を行い、１９４３年に学位をとった。

終戦となり、男性たちが帰ってきたので彼女のポストは二級の助手に格下げとなった。この天文台で過ごした日々の経験から、ロンドンでは天体観測が難しくなるのではないかと感じていた。実際、戦争が終わると光害が戻ってきて夜空が明るくなってきた。自分の研究を続けるためには、良い観測条件の下でもっと大きな望遠鏡で観測することが必要であると思っていた。そんなとき、カーネギー財団からの、アメリカのウィルソン山天文台での観測助手募集公告を目にした。この機会を逃すまいとして応募した。ところが事務的な返事で跳ね返された。女性は観測することを認められ

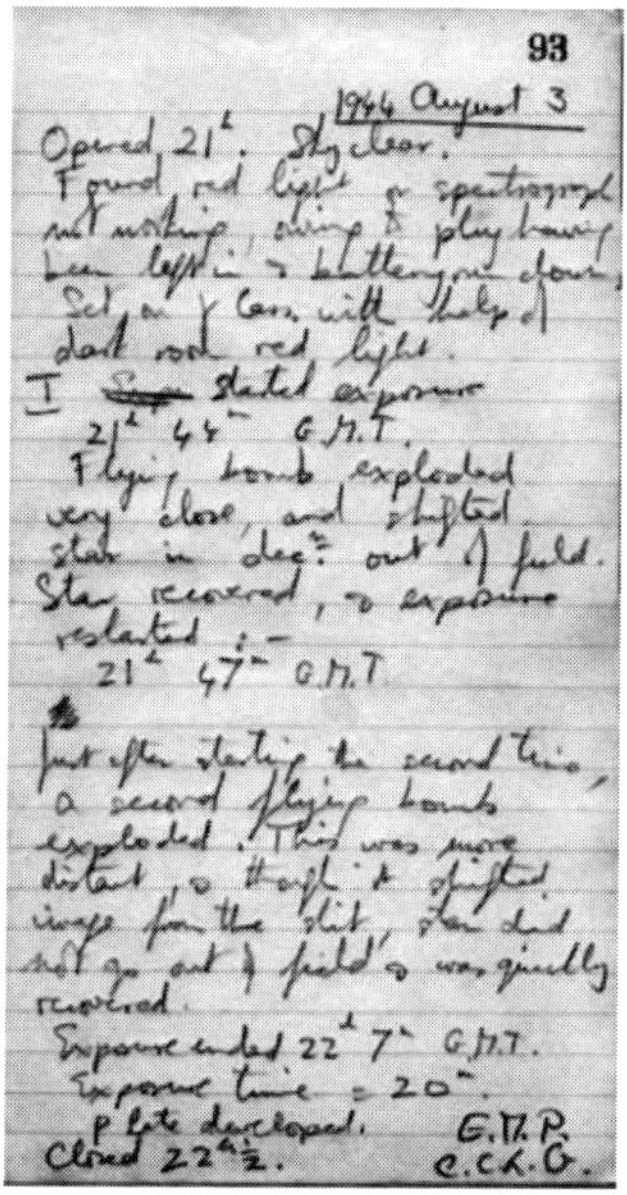
93
1944 August 3
Opened 21h. Sky clear.
Found red light on spectrograph not working, wiring & plug having been left in & battery run down.
Set on γ Cass. with help of dark room red light.
I started exposure 21h 44m G.M.T.
Flying bomb exploded very close, and shifted star in dec? out of field.
Star recovered, & exposure restarted :- 21h 47m G.M.T.
Just after starting the second time, a second flying bomb exploded. This was more distant, & though it shifted image from the slit, star did not go out of field & was quickly recovered.
Exposure ended 22h 7m G.M.T.
Exposure time = 20m.
Plate developed. E.M.P. C.C.L.G.
Closed 22½h.

1944年8月3日

21時ドーム開扉。快晴。

分光器の赤色灯不調。

電気プラグ忘れと電池切れが原因。

暗室の赤色灯を頼りに、望遠鏡をカシオペア座γ星に向ける。

グリニッジ時21時44分に露光開始。

近くで飛行爆弾（ミサイル）爆発。望遠鏡が動いて星が視野外へ。

望遠鏡を調整して復帰し、21時47分に露光再開。


2回目の露光途中に、また飛行爆弾爆発。

今回は着弾地が遠方であったため、星の位置は大きくズレることはなく、観測はすぐ復帰。

露光は22時7分に終了。

露光時間は20分。

写真乾板現像。

22時半ドーム閉扉。

E.M.P.はエレノア・マーガレット・ピーチー。
C.C.L.G.はクリストファー・クライブ・ラングトン・グレゴリー、初代台長。

図5-2 マーガレット・バービッジのノートからの抜粋。1944年8月3日、ドイツの2回の爆撃の間の観測を詳述している（©UCL）。

ていないという理由であった。資金援助を受けることはできなかったのである。

◉夫ジョフリーと星の工場

マーガレットはこの非常識な拒絶に呆然としたのではあるが、何とか研究を継続しようとしてUCLに戻った。そのとき、若くて熱意に満ちた物理学者ジョフリー・バービッジに会った。すぐに友人となり、やがては愛を育み、1948年4月2日には結婚へと進んでいった。この間も、彼女は大きな望遠鏡を使いたいという望みを果たすべく手を尽くしていた。そしてついに、フランスのオート・プロヴァンス天文台で観測できることになった。渡航費と滞在費を国に申請したところ、「イギリスにも望遠鏡がある。外国の望遠鏡を使う必要性は認められない」という訳のわからない文言付きで認められなかった。イギリスの官僚主義と保守性をものともせずに、若い夫妻は私費でフランスへ渡ったのである。イギリスとは比べものにならないほど晴天が多い良好な天候条件で観測を終えた後、彼らはパリへ行き、取得したデータを解析した。その際、イギリス人天文学者フレッド・ホイルと出会った。以降、彼とは長く良い関係を続けていくことになる。

イギリスでの状況が好転しなかったので、1951年に夫妻は大西洋を渡ってアメリカに移った。最初の一年間、彼女はウィスコンシン州のヤーキス天文台で仕事をし、彼はマサチューセッツ州のハーバード天文台に所属して離れ離れであった。次の年には、二人はヤーキス天文台で一緒にポストを得ることができた。マーガレットは天の川銀河以外の他の銀河にある高温度星の研究を続ける一方、恒星の大気一般について理論的に解明することを始めた。さらには、恒星表面の化学組成を決めるという仕事も始めることにした。そのこともあって、1953年にミシガン州アナーバーで開かれた元素の起源についての研究会に参加した。その研究会では、ジョージ・ガモフがアイレム(アリストテレスが万物の根源物質に付けた名前を流用した）についての議論を展開した。すべての元素は原初宇宙の爆発的生成時(ビッグバン）に創られたとする説である。ガモフの説が信じられず、バービッジ夫妻は友人のホイルが以前から唱えていた説を思い起こして検討を加えた。ホイルの考えは、元素は恒星の中で生成されていくという考え方である。夫妻はホイル説が正しそうだと見当をつけ、この問題に決着をつけるべく詳細な研究を開始することにした。この研究は、4年の長きにわたって続けられた。

アメリカからの帰国後、マンチェスターで二人が一緒に職に就くこともできたし、ジョフリーだけがケンブリッジのポストを得ることもできた。この二通りの選択肢のうち、ジョフリーが好ましいと思い後者を選んだ。マーガレット自身は給料を手にすることはなかったけれども、研究をやめることはなかった。レッドマン教授の許可を得て、ケンブリッジの設備を用いてデータ解析を継続した。恒星の第一級のサンプルデータを用いて、恒星表面の元素存在比を順次決定していった。ある種の元素が特に多いことを見つけ、それを説明するには中性子が多量に降り注ぐことが必要であることを見出した。夫妻は核物理学の専門家ではなかったので、マーガレットの研究のために原子核反応について専門家に問い合わせてみることにした。

ケンブリッジで、ジョフリーが元素合成の研究会に出席していたとき、ウィリアム・ファウラーの講演に引き付けられた。講演の後、ジョフリーはファウラーに、「天体物理学上で真に重要な問題を研究しないのですか」と尋ねた。ジョフリーは元素創成の問題が念頭にあったのである。ファウラーはジョフリーの熱意を見て提案を受け入れた。バービッジ夫妻は、以前からの友人であるホイルにも彼らの考えを伝えて協力を要請した。このとき以降、4人の共同研究で、恒星内部での元素合成工場の姿を明らかにする研究が始まったのである。しかし、ジョフリーのポストの契約が切れて二人の生活はまた変わることになった。わずか一年のイギリス滞在で、彼はまた別のポストを探さねばならなくなったのである。ファウラーがアメリカに来てはどうかと彼らを誘った。1954年、彼らはカリフォルニアに移った。ジョフリーがカーネギー財団からウィルソン山天文台で観測をする資金を得たからであった。マーガレットが以前断られたあの財団である。理論家であるジョフリーに援助がなされて、観測家であるマーガレットにはなされなかった。ウィルソン山での観測では、マーガレットはジョフリーの助手という体をとった。昼間は、彼女はカリフォルニア工科大学で働いていた。実際上、理論家のジョフリーが観測をすることは無理であったし、形式上の観測者にしておいて、実質はマーガレットが観測を取り仕切った。天文台長は、女性が天文台にいることが原則的には禁じられているので、快くは思わなかった。台長は二人がウィルソン山から離れたところに住まうように手配して、昔カプタイン（訳注1）夫妻が滞在した家（山小屋）に追いやった。そこは、シャワーはおろか水道さえなく、あるのは薪ストーブだけであった。もっとひどいことには、夫妻は天文台の食堂で食事をとることもできず、自分たちの車で食品を買いにいくことが必要であった。台長はそれに加えて、天文台の技術スタッフに女性が指示をすることを許さなかったし、天文台には男性用のトイレしかないと明言した。多くの制限と不自由さにめげずに、夫妻はウィルソン山で何回となく観測を行った（原注1）。

ウィルソン山での滞在は、あるきっかけでうまく進むようになった。付き添ってくれた技術者のアーニー・ラツラフが、二人がサンドイッチばかり食べていて、みんなと一緒に夜食を摂らないのはどうしてかと聞いてくれたのである。バービッジ夫妻は「台長の命令に従っているのであり、その他の制約もある」と彼に話をした。アーニーは信じられないくらい驚いて、「台長が何と言おうとも、一緒に食事をすべきである」と言ってくれた。その言葉に夫妻は従った。天文台の職員たちは皆快く受け入れてくれた。バービッジ夫妻は1956年の4月まで（マーガレットがゆったりとした服で妊娠を隠すことができなくなるまで）観測を継続した。女性が天文台にいることすら禁じられているのに、妊婦がいるなんて考えられないことであった。将来は法律家になる長女サラが生

（訳注1）オランダの天文学者ヤコブス・カプタイン（1851〜1922）。天の川銀河の構造について研究を行った。

（原注1）第6章でみるように、女性が公式に観測する権利を得たのは1965年になってからである。ウィルソン山での女性の観測を援助するカーネギー財団からの資金授与は1979年になって初めて実現した。

まれて、その子を育てる時間の合間を縫って、夫妻は記念碑的な論文「恒星における元素合成」を完成した。バービッジ夫妻、ファウラー、ホイルの共著論文でB^2FHという著者略称名で有名な論文である。

元素の合成

我々の周りにある原子はいったいどのように作られたのであろうか。このような問いに対して、長い間、20世紀の中頃までこれといった反応も提案も出ていなかった。ある一人の女性がこの質問に対して答えたのである。

最初の試みは１９４８年になされた。この年、ジョージ・ガモフとその共同研究者ラルフ・アルファおよびハンス・ベーテが、星の進化論に基づいて一つの提案をした（原注２）。すべての原子は、宇宙開闢《かいびゃく》のビッグバンの際に作られたという説である。ところが、この説には色々な問題が出てきた。重元素の組成比がまず問題になった。例えば、酸素に対する炭素の存在量の比率である。ビッグバンの際にすべての元素が作られたとすると、宇宙のどこでもこの比率は一定のはずであるが、実は銀河ごとにこの比率が違っているのである。また別に、もっと重

（原注2）共著者姓がAlpher、Bethe、Gamowでギリシア語のアルファ、ベータ、ガンマというアルファベット順とよく似ていたため、この論文は「αβγ論文」としてよく知られている。ガモフは、この駄洒落が気に入っていて、もう一人の協力者であるロバート・ハーマンを「デルタ」という名前で記載しようとしたが、それは断られた。

い元素の生成の問題があった。計算によると、初期のビッグバンでは極めて重い元素は作れないとの結果が出ていたのである。観測面からも同じような結果が得られていた。1952年にポール・メリルが、テクネチウム99という寿命の短い放射性同位元素（半減期20万年）が、ある星のスペクトルに存在していることを見つけた。宇宙開闢《かいびゃく》以降150億年程度経過しているのだから、この放射性同位元素は宇宙開闢時に作られたはずはないという結論に至ったのである。

この状況を見て、バービッジ夫妻、ホイルとファウラーは、有名なB^2FH論文をまとめて、元素合成の別の説を提示した（原注3）。これは、元素は星々の中心核で順次作り上げられるという説である。彼らの考えは、次の8つの原子核過程の働きを基礎としている。

・水素の核融合――一つの星が誕生するということは、その内部で水素の核融合反応が起こり始める時点と決められている。星のもととなるガスの雲が収縮していって中心部で温度が1000万度になると、水素核同士の電気的な反発力を振り切って核融合をし始め、もっと重い元素ヘリウムになっていくのである。太陽の中心核では毎秒6億トンの水素が「燃やされて」、その結果生み出されたエネルギーが、表面から光となって放射しているのである。この核融合反応はいくつかの段階を経て進むが、まとめてｐｐ連鎖反応（陽子－

（原注3）バービッジたちとは別に、カナダの天文学者アルステア・キャメロンも1957年に同じ結論に達していたが、彼の論文は有名でない学術雑誌に掲載されたため、注目を浴びなかった。

陽子連鎖反応)と呼ばれている。なお、太陽よりもっと重く高温である星では、炭素、窒素、酸素の原子を触媒として水素の核融合が進む反応(CNOサイクル)が主となっている。

・ヘリウムの核融合――上で述べた核融合反応の「燃料」となる水素は無限ではない。星の内部で核融合反応が進むと水素が欠乏してくる。核融合反応が低下してしまうので、星は再度、収縮をはじめ内部が高温となっていく。その温度が1億度に達すると、今度は水素反応の結果できた「灰」であるヘリウムが核融合し始める。この反応は二段階で進行する。まずはヘリウム原子核二つからベリリウムが作られ、このベリリウムがもう一つのヘリウム核と核融合して炭素を作りだす。エネルギー生成の点から見ると、このヘリウム燃焼の効率は水素燃焼のものより10倍劣る。星が同じ明るさを出力しようとすると、10倍速く燃料であるヘリウムを消費していくことになる。

・s過程――星の中心核でヘリウムが消費されてしまうと、星は収縮をしてまた新しい状態に移っていく。順番に異なる核融合反応が始まっているのであるが、それぞれの反応の燃料となるものは星の外層には十分ある。内部で燃料が消費されて星の内部が収縮すると加熱され、その外部の燃料が消費されていくことになる。したがって、ヘリウムが内部で消費されると収縮、加熱が起こり、それぞれの反応が盛んに起こるのが別々の層で起こることになる。詳しく述べると外側に水素核融合層、内側にヘリウム核融合層ができることになる。ヘリウム核融合反応で創られた炭素は、水素に富む外側の物質と攪拌《かくはん》されると大量の中性子を創るようになる。この中性子が、もともと星の組成としてあった金属元素に吸収されると、別の元素に変わる。この中性子捕獲反応はゆっくりと起こる過程であるので、英語の slow の頭文字をとって s 過程と呼ばれている。生成された新元素は、不安定なものは壊変していき、また次の中性子捕獲が起きるというように進んでいく。この s 過程によって、核子数が23から46の元素のほとんどが形成される。そして、中性子捕獲がより進むと63から209までの核子数の元素も作られていく。この生成物の中で一番重いものは鉛（^{208}Pb）とビスマス（^{209}Bi）である。

・α過程——太陽のような星では起こらないが、より大質量の星ではヘリウム燃焼のあと、別の核融合反応が起こる。これまでの反応の結果、星の内部の化学組成は玉ねぎ状になっている。星の中心核の温度が8億度まで上昇すると今度は炭素が核融合反応を起こして、主として酸素、さらにはネオンやマグネシウムという元素を作っていく。15億度になると、光子がネオン原子核を破壊して、酸素とヘリウムを作りだす。ネオンがマグネシウムを作り出すこともあり得る。さらに温度が上がって20億度になると、酸素が核融合反応を起こし、硫黄やケイ素を作りだす。30億度になると光子のエネルギーが極めて大きくなり、それまでにできた元素を破壊して、中性子、陽子そしてヘリウム原子核（α粒子）を作りだす。

このα粒子が他の核子に捕獲されていく。これがα過程である。この過程が働いて、ケイ素が硫黄、アルゴン、カルシウム、チタン、クロム、鉄、ニッケルなどに順次変わっていくのである。

・p過程——α過程と並行して、p（またはγ）過程が働きだす。これは、元素によって陽子が吸収された後に光子が放出されて別の元素ができる反応と、ある元素に光子が吸収された後に中性子が放出されて別の元素になる反応の二種類がある。後者は光分解反応とも呼ばれる。これらの過程によって合成される元素は、sおよびr過程で作られるものより10倍から100倍少ない。

・e過程——40億度になると、核融合反応はその速度が極端に大きくなる。ある元素の核が作られると、軽い原子核の衝突によって壊され、そしてまたすぐに新たに原子核が作られる。この過程が進んでゆくと安定した核種のみでできた平衡状態になる。平衡を意味する英語のequilibriumの頭文字からこの過程はe過程と呼ばれている。このときに主に生成されるのは鉄前後の原子番号をもつ重い元素で、これにより「鉄のピーク」と呼ばれる元素比の高い部分を作りだすのである。具体的には、バナジウム、クロム、マンガン、鉄、コバルトとニッケルといった元素である。

・r過程——星の中で鉄が生成され始めると、それ以降、核融合は自然には起こらなくなる（外部からエネルギーを与えないと融合はそれより先へは進まないからである）。星にとっては、劇的なエネルギー危機が訪れるのである。星の中心部が突然崩壊し、その反作用で外層が吹き飛ばされるのである。超新星爆発である。その断末の時こそが、核融合反応の最後の「名誉ある戦い」の時になるのである。鉄でできた中心核では、温度は何十億度にもなり、物質は強烈な中性子にさらされて、変質していく。この強烈な中性子照射は、先立つ段階で作られたものであるが、次々と新たな元素を作っていく。このときの中性子捕獲は0・01から10秒程度の時間で進行する極めて高速な過程である。不安定な元素ができてそれが崩壊する暇も与えないくらい早く進行するのである。このときの中性子捕獲はs過程に比べて高速であるので、英語のrapidの頭文字をとってr過程と呼ばれるのである。この過程では、多くの重元素核が作られる。ウランやトリウムの同位体も作られる。

超新星には別のタイプのものがある。これは太陽程度の星の最後の進化段階にある白色矮星と他の星が連星になっている場合に起こる。白色矮星が伴星から徐々にガスを吸着して質量が増えていく。ある限界を超えると白色矮星が不安定になり、爆発を起こしてIaタイプの超新星となるのである。この爆発時にも、r過程が働いて重元素を作りだす。

・x過程（発表当時は知られていなかった過程であるのでxという名前がついている）、あるいはl過程（light）——当初は軽い元素の存在比を正しく再現することができなかった。

そこでバービッジと共同研究者は、補助的な過程を仮定した。この過程は1969年に実際存在することが発見された。今日、核破砕反応と呼ばれているものである。宇宙の星間空間にある物質は、常に高エネルギー粒子（宇宙線）に曝《さら》されている。宇宙線粒子が星間空間物質の核に衝突すると、炭素や酸素などの豊富にある原子核が破砕されて軽元素を作りだす。例えば、ホウ素、リチウム、ベリリウムなどの元素である。

以上の過程の効果を考慮に入れて、マーガレット・バービッジたちは、観測されている宇宙の元素組成比を導くことができた。彼らの業績は、核物理学、恒星進化論と分光観測の結果を取り入れたもので、新たな宇宙物理学を切り開くものとなったのである。しかしながら、すべてを説明できたわけではなく問題は残った。軽い元素である水素、ヘリウム、二重水素やリチウムの同位体の組成比を説明するためには、ガモフの理論に頼らざるを得なかったのである。最も問題となるのはヘリウムである。この元素の重量存在比は、自然界ではほぼ4分の1である。星の内部でのヘリウムの生成比率は、数%にしかならないのである。また、重元素をほとんど含まない極めて古い銀河のヘリウムの重量存在比は4分の1で、あまり消費されていないのである。どうもヘリウムはビッグバンによって生成されたと考えるのが妥当と思われる。

結局、宇宙での元素組成の変遷は以下のようになる。宇宙誕生の瞬間には温度が極めて高かった。ビッグバンの数秒後、宇宙には中性子、陽子と電子が生まれた。しばらくすると、陽子と中性子が結合して最初の原子核である重水素が創られた。この段階から1000秒間の間に、水素の同位体3種（^{1}H, ^{2}H と不安定な ^{3}H）、ヘリウムの同位体2種（^{3}He, ^{4}He）、リチウム（^{7}Li）とベリリウム（不安定な ^{7}Be）の原子核が生み出された。その後38万年を経て、原子核は電子を捕獲して、電気的に中性な原子になったのである。現在地上にある様々な元素はすべて共通の源から生み出されたのである。起源は宇宙なのである。我々の細胞の中の炭素、肺の中の酸素、骨の中のカルシウム、発電所の中のウラン、パソコンの中のシリコン（ケイ素）などこれらはすべて、巨大な恒星の工場の中で作られたのである。我々は、いわば星の子どもなのである。星の中でも質量の重い星が短い一生の最後に起こす大爆発の中で、自然界の多くの元素が作りだされたのである。時々は眼を星空に向けて、我々の本当の祖先を偲んでみてはどうだろうか。

◉もう一つの研究テーマ、もう一つの論争

100ページにもなるこの論文の出版は、天体物理学に一つの革命をもたらしたものであった。ところが、バービッジ夫妻はもう別のテーマを研究し始めていた。1957年から1962年の間

はヤーキス天文台で研究を行い、その後、カリフォルニア大学サンディエゴのラ・ホヤにあるキャンパスに移籍した（当初彼女は化学研究所に所属することになった。これは、縁者重用を避けるために、夫婦は同じ組織に所属できないという馬鹿げた規則のせいである）。マーガレットは銀河の研究を始めた。彼女は、可視光線のスペクトルから銀河の回転速度を導いて、銀河の質量を求めようとしたのである。マーガレットは、このような研究を始めた先端的な研究者の一人であった。彼女は若い女子学生ベラ・ルービンをこのテーマで指導した。ベラはこの研究テーマをそれ以降も続け、ついには驚くべき発見（暗黒物質）をすることになるのである（第6章参照）。

マーガレット自身は、新種の銀河であるクェーサー（準恒星状天体）の研究を続けた。この奇妙な天体にマーガレットは強く惹きつけられた。ジョフリーもそうなっ

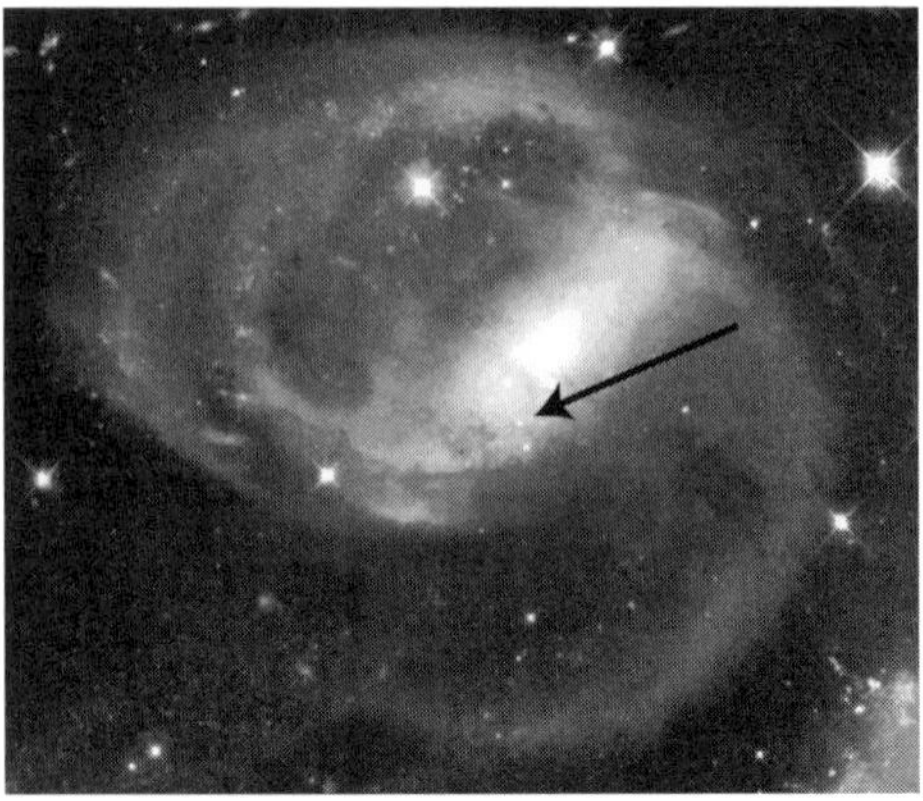

図5-3　2005年にバービッジ夫妻は、近傍銀河 NGC 7319 がクェーサー（準恒星状天体）を伴っていることを発見した。矢印で示されている（©HST/UCSD）。

た。1967年にはバービッジ夫妻は、このクェーサーだけを主題とした専門書を出版した。この書籍は今ではこの分野の古典的基本文献となっている。理論面では次のことを指摘しておいた方がよいであろう。1964年あの B^2FH グループのメンバーであるホイルが、クェーサーの莫大なエネルギー放射の起源について、巨大ブラックホールに落ち込む重力エネルギーであることを提案した。今日では誰もが承認している考え方である。しかし、バービッジ夫妻は、このアイデアにも挑戦して論争を開始した。観測の結果によると、クェーサーが通常の銀河と相互作用しているように見えるケースがあったのである。これはこれで大問題であった。クェーサーは大きな赤方偏移を示す天体である一方、通常の銀河はそれほど大きな赤方偏移を示してはいない。エドウィン・ハッブルが見つけた赤方偏移と距離との間の正の相関法則がある。これは膨張宇宙論の礎となっているものである。この法則から考えると、クェーサーは遠方の天体になる。それが、近くの銀河と相互作用しているのは考えにくいという問題に行き着く。ジョフリーは、ホルトン・アープの考えに沿って、全身全霊を込めてこの問題に取り組んだ。赤方偏移は宇宙膨張だけが原因ではないという考えがあったのである。問題は決着がついていない。ある場合は相互作用しているようであるし、そうではない場合もあるのである。この問題は、近代宇宙論にとって解決されていない問題である。このことを（意図的に）気にしないという研究者もいるが、バービッジ夫妻はビッグバン宇宙論が正しいものであるという考えを、今日でも疑っているのである。

◉現実の政治的戦い

年月が経つに従って、マーガレットはどちらかというと「政治的な」面での責任を負うことが避けられなくなってきた。1971年、アメリカ天文学会が彼女にアニー・ジャンプ・キャノン賞を授与するという話が持ち上がったが、彼女はその受賞を辞退した。その固辞を聞いて、天文学会の執行部は驚かされてしまった。その固辞の理由は次のようであった。「この賞は女性のみに与えられるもので、ある意味差別的である。女性天文学者の数はそもそも少ないので、いつかは与えられる賞である。そのような賞は、受賞者の栄誉を称えるような意味をもっていない」。このことがあって、アメリカ天文学会はアニー・ジャンプ・キャノン賞を授与することをやめた（その後は米国大学婦人協会が天文学会の助言をもとにアニー・ジャンプ・キャノン賞授与を継続している）。

同じ年、マーガレットにグリニッジ天文台の台長職につかないかという提案がされた。この申し出に対して、ジョフリーをその職につけてはどうかと推薦して、遠回しに自分が就任するのを断った。イギリス当局側は、天文台長には観測の技術に長けた天文学者が就くのが自然であるとして、そのことにこだわった。彼女が色々と再考している間に、新聞記者が「彼女が候補である」ことを嗅ぎつけた。イギリス当局は、この申し出を受けるように彼女にせかした。このような状況で栄誉ある就任を断ると世間から悪く見られるかもしれないとの言葉を添えたのである。そして、ジョフリーにもポストを用意するとも請け合った。しかし、マーガレットが応諾したとき、その約束は反故にされてしまった。ジョフリーにポストが用意されなかったばかりでなく、彼は娘と一緒にカリフォルニア州のラ・ホヤの自宅へ帰らざるを得なかった。イギリスの保守的な古参学者たちは、ジョフリーのことを快くは思っていなかったのである。マーガレットは、グリニッジ天文台長の職に就いた最初の女性となったものの、本来この台長職にあるものが受ける「王室天文官」の称号は与えられなかった。この称号は、男性の著名な同僚であるマーティン・ライルに与えられたのである。この最初の差別が起こったのちに、実質的な戦いが始まった。イギリス最大の望遠鏡を設立することになり、その設置場所をどこにするのかということを、台長として取り仕切ることになった。イギリスの天文学者のかなりの人が、カリフォルニアに比べても遜色はないのでロンドン近郊にすべきだと主張した。一方、バービッジ夫妻は、観測日誌の実例を挙げたりして観測に関する事実を示して、ロンドンは適さないと説得したが、なかなか認められなかった。ジョフリーは、旧来の保守主義を腹に据えかねて、権威ある科学雑誌にイギリス天文学会の現状を述べた記事を投稿し、それがまた議論を沸騰させた。しかし、マーガレットはめげることはなかった。最後には、カナリア諸島のラ・パルマに設置することに決定した。この決定は、極めて正当なものであったと後に確かめられたのである。家族と離れてこのような戦いを1年半続けて、1973年の10月には台長職を辞すことにした。周りの人は少し先延ばしにした方がよいと勧めたため少し延期をしたが、やはり辞職することを決意した。辞職を決めた後、報道陣は彼女の動向に注目していたが、たまたま彼女は大きな自動車事故にあってしまった。3週間の入院生活の後も、かなりの期間障害が残った。行き違いがあり、健康な方の足をいたわって、けがをした方で歩くような指導を受けてしまったのであった。

イギリスでの辛い出来事が過ぎて、彼女はアメリカの自宅に帰還した。1976年になると、以前は女性を差別していたアメリカも変わり、彼女も活躍しやすくなった。彼女はアメリカ天文学会の理事長に選任された（彼女は最終的に、2020年4月にひどい転倒からの合併症のためにアメリカで亡くなった）。1979年から1988年の間は、天体物理学・宇宙科学センターの台長を務めた。このセンターはハッブル宇宙望遠鏡の観測装置を開発するための組織である。政治と研究を続けていく中で、彼女は数多く受賞するという栄誉を得た。1959年にはヘレン・ワーナー賞（ジョフリーと共同）、1977年にはジャンスキー賞、1982年にはブルース・メダル（女性初）、1983年にはアメリカ国家科学賞、1984年にはヘンリー・ノリス・ラッセル講師職、1987年にはADIONメダル、1988年にはアルベルト・アインシュタイン世界科学賞、2005年にはイギリス天文学会ゴールドメダルを受賞したのである。

このような多数の受賞にもかかわらず、彼女の態度が変わるということはなかった。パートナーである夫ジョフリーを立てて、「アイデアはジョフリーが考えて、私は観測をしただけである」と自身のことを語るのは最小限にとどめていた。しかし、彼女はジョフリー（２０１０年に死去）が「天文学者を妻にしたので、天文学に興味をもったのである」と述べたことを忘れている。バービッジ夫妻の活躍をもたらした主役は、本当のところは彼女だったのである。

第６章

暗黒物質

ベラが抱いた疑問

宇宙についての我々の知見は過去100年の間に大きく進展した。以前の宇宙の描像は、天の川銀河が一つ存在しており、その中心に太陽があるというものであった。その描像が大きく変わり、宇宙は全体として膨張しており、その中に無数の銀河があり、中には銀河同士が作用を及ぼしあっているものがあると考えられるようになってきた。このような描像の発展の途上で、ある一人の女性天文学者が宇宙論上の固定観念に批判的な疑問をもった。宇宙の主役は目に見えている物質であること、宇宙は一様であること、そして大きなスケールでの運動は宇宙膨張だけであることなどに疑問をもったのである。彼女の意見は集中砲火を浴びて批判され続けたが、やがてその正しさが再認識されるようになった。しかしそれは、意見を提出してから十数年後のことである。

・ベラ・クーパー・ルービン

◉逆境の中での宇宙へのいざない

ベラ・クーパーは、1928年7月23日にアメリカのペンシルバニア州フィラデルフィアに生まれた。ローザとフィリップというクーパー夫妻の第二子で、父親は電気技師である。家族でワシントンを訪れたとき天文学に触れて、若いベラはそれに熱中することになった。自宅の部屋の北側の窓から、北極星を眺めてはたくさんの星に魅了されていた。10歳になったとき、可能な限りの天文学の本を読み漁った。肉眼で見るよりもっと詳しく夜空を見るために、小さな望遠鏡を自作することにした。レンズを買い、床を覆うリノリウムを巻きつけた紙筒を使って作り上げた。その望遠鏡はうまく出来上がり、それで夜空を見ると様々な天体を見ることができた。次には、夜空の写真を自分で撮ることにした。父親に助けられて望遠鏡を改修したものの、自作の望遠鏡では露光中に位置が安定せず写真をうまく撮れないことがわかった。天体写真を撮ることはあきらめたものの、天文学者になろうという意欲は失わなかった。初め父親は彼女が数学のようなもっと実際的な道に進むことを望んでいたが、結局彼女の希望を認めて、両親は彼女が天文学者への道を進むことを援助することにした。

図6-1 ベラ・ルービン。

意欲も新たにしてベラは同級生たちにも宇宙の発見をしようと持ち掛けた。学生時代の彼女の念頭にあったのは常に宇宙・空であった。しかし教師たちは、この才能のある蕾《つぼみ》に宇宙以外の道にも関心をもつように勧めた。ベラはそのような勧誘があっても天文への情熱を捨てず、その他のことをする意欲は出てこなかった。財布をはたいて天文にお金を使うのを見て、物理の教師は「科学とは別の方面に進んだ方が君のためだと思うのだが」と忠告した。また別の教師は彼女のノートを見て、天文アーティストになったらどうだろうかとも勧めた。彼女の家族の中では、「ベラは、いつかは天文学者になれるのだろうか」というのがよく繰り返される冗談の一つとなっていた。

◉卒業論文と巻き起こる論争

ベラは自分の望む天文学者への道を邁進《まいしん》した。17歳のときにヴァッサー大学に入学した。その大学ではアメリカで女性として初めて天文学者となったマリア・ミッチェルが教鞭をとっており、天文学を学ぶことができた。彼女はそれを念頭に大学を選んだのである。その大学では古典天文学の教育を受け、天文観測の手法を習得した。１９４８年には（20歳で）学士論文を完成して、同級生の中ではただ一人飛び級卒業をした。そのときにはすでに彼女には伴侶がいた。一年ほど前に家族から物理化学者のロバート・ルービンを紹介されていて気に入っており、学士論文完成まで結婚を待ってもらっていたのである。

結婚そのものは、彼女の研究者キャリアの助けとはならなかった。有名なハーバード大学の就職の口を断って、夫が務めているコーネル大学の天文学教室で働くことになった。当時この天文学教室はあまり有名ではなく、構成員も海軍の軍人とカリフォルニア大学バークレー校を卒業したての女性研究者がいるだけであった。この女性は、銀河の運動を研究していた。ベラは、このチームに入って仕事をしたが、チーム本来の研究テーマから離れたことを自身の研究テーマにしていた。彼女の問題意識は、「銀河の運動から宇宙膨張の成分を差し引いたときに、何か別の運動成分が残って見えるのだろうか」というものであった。当時、宇宙膨張説による銀河の「赤方偏移」を測定することが高い関心をもって進められていた。この膨張宇宙説は、理論的にはジョルジュ・ルメートルが提唱し、観測的にはエドウィン・ハッブルが確かめたもので、遠方の銀河ほど速い速度で地球から遠ざかっているという現象を解明しようとして提案された説である。銀河の速度は、そのスペクトル線が長波長（赤い波長）へドップラー効果でずれていることから求められるのである。ベラは一つ一つの銀河の運動から、宇宙膨張による成分を差し引き、その残りの運動（残差運動）が天球の中でどのように分布しているのかを調べたのである。その結果を見て、天球のある部分の残差運動は正であるが、別の部分は負であるということを発見した。この結果は、同じような明るさの銀河は同じような距離にあると考えられるので、天球のある部分の銀河は別の部分の銀河より速い速度で遠ざかっているということを意味する。

この驚くべき結果は、宇宙全体が回転しているというモデルとつじつまが合うように見えたので、ベラは補足的なデータでそれを確かめようとした。しかし連絡をとった天文学者は、すぐにはデータを渡してはくれなかった。「すぐに結果を出版するから」もう少し待ってほしいという返事ばかりであった。それが実際に出版されるまで、彼女は6年も待たなければならなかった。理論的な面では、プリンストン大学の天文学者が、回転宇宙のモデルを研究していた。こちらも、研究結果を公表するまで待ってほしいという返事であった。ベラは自身の結果をまとめて論文にして、『アストロフィジカル・ジャーナル』と『アストロノミカル・ジャーナル』という学術誌に投稿したが、出版にまでは至らなかった。

彼女は、出版できなかったことで気を落とすことはなかった。彼女は自分の結果には十分な自信をもっていた。身重の体で修士の面接試験を受けたあとの数週間後には、息子デイビッドを出産した。そして、1950年12月末にはハーバーフォードに向かった。ペンシルバニア州のこの小さな町でアメリカ天文学会の年次総会が開かれるのであった。知人は一人もなく、そして生後3週間の赤子の世話で忙しく、彼女は自身の研究発表をするときだけその町にいて、すぐに帰宅しなければならないほどであった。このような状況であったので、彼女の発表が思わぬ大論争を巻き起こしてしまったことを、彼女は知る由もなかった。論争の火花の最初は、天文学者たちから巻き起こった否定的な評価であった。彼女の結論は当時の天文学の常識を覆すものであったからである。1950年12月30日のワシントン・ポスト紙には、「若い母親が、星の運動の研究から宇宙創成の中心を見つけた」という記事になるほど世間の注目を浴びた。ベラの結果についての論争は、それから30年後になって初めて決着を見たのであった。

1951年に修士学位を得たのちも、自分の進むべき道に向かって留まることはなかった。次は博士の学位を目指すことである。ごく自然な形で、彼女は有名なプリンストン大学の博士課程に入りたいと申し出た。しかし予想もしていなかったのだが、プリンストン大学は女子学生を受け入れていなかったのである。この大学で初めて女子学生を受け入れたのは1975年になってからである。彼女は別の大学を選ぶしかなく、夫の職場

図 6-2　銀河は網目状に分布しており、そのため銀河のない大きな空洞部もできている。現在、銀河の空間分布を研究することは天体物理学の重要なテーマとなっている。

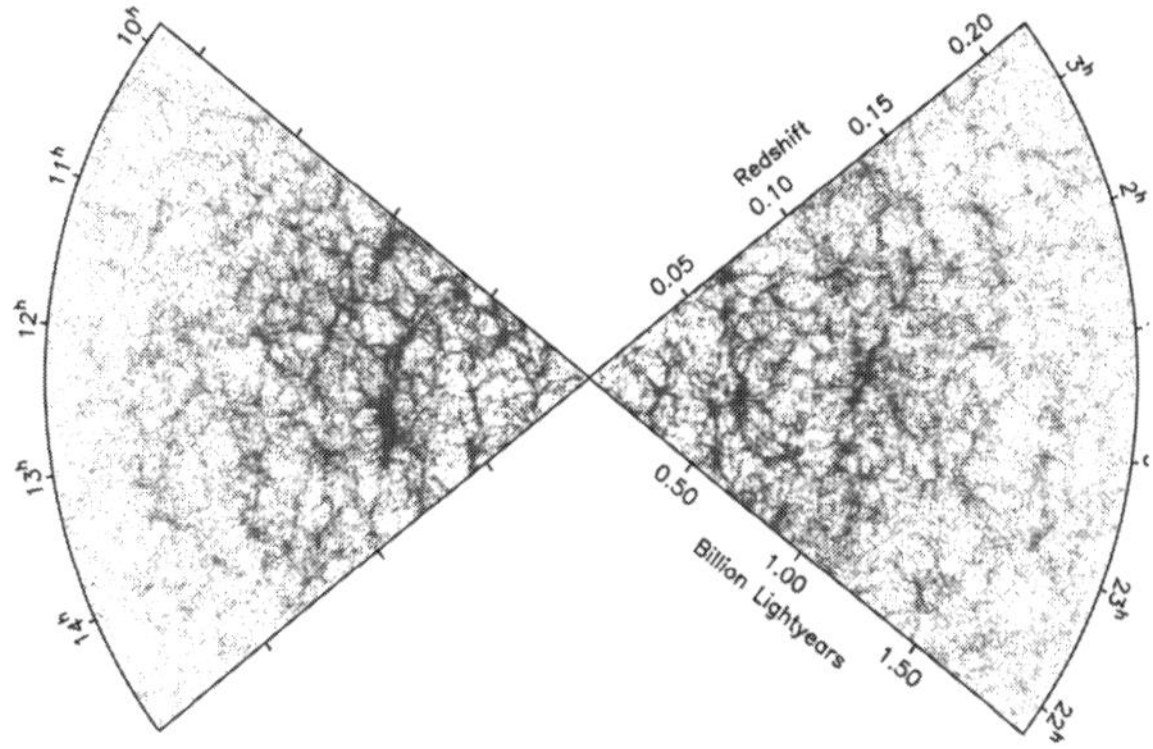

から遠くないジョージタウン大学に入学した。2年の間、夕方、夫が車に乗せて自宅と大学を往復して彼女の便を図った。ロバートはその車中で夕食をとるのが常であった。その間は、彼の両親が1952年に生まれたジュディスも含めて二人の孫の面倒を見てくれた。こんなことは大したことではなかった。彼女の博士号はいわば戦いの連続のうえに得られたようなものである。毎日、子どもたちを寝かせて19時から研究を始め、それが深夜2時まで続く。数時間寝た後、子どもたちと一緒に目覚め、日中は彼らの世話をする日々が続いたのである。

研究面では、ベラはこれまで同様、安易なテーマ、言い換えると成果が得やすいテーマは選ばなかった。彼女の指導者は、宇宙論において論争を巻き起こすジョージ・ガモフである。彼は確固としてビッグバン説を信じていた。ある晩、ベラの家に彼から電話がかかってきた。これが実は共同研究の始まりであった。ガモフは次のような点を研究テーマにしてはどうかといってきたのである。「銀河の空間分布には何か特徴的な長さというものは存在するのであろうか」。言い換えると、「宇宙というものは本当に一様で等方的なのであろうか。理論で想定されているように、銀河間の間隔はほぼ一定なのであろうか」ということである。ベラはどちらかというとこのような突飛な疑問を好む方である。他の誰もがこのようなことは考えもしない。彼女は直ちにこの研究テーマに取り掛かり、答えを見つけ出した。宇宙論学者が、これまで想定していることとは違って、宇宙は一様ではないという結論を得たのである。当時の指導的な天文学者はこの結果を信じられなかったけれども、15年後になって初めてその正しさが認められて、天文学の中心テーマになっていくのである。

◉小さな革命

1954年に博士号学位を取得した後、彼女は地元の小さな大学で物理学と数学を教えたが、それを1年で辞めてジョージタウン大学に戻った。以降10年間はそこで研究を続けた。その途中一年間はカリフォルニアに滞在した。それは1963年のことで、バービッジ夫妻と共同研究するためにラ・ホヤに向かったのである。バービッジ夫妻は、ガモフの考え方には本質的な所で反対の意見をもっていたけれども、広くオープンな態度でベラの考え方を無視はしなかった。ベラは彼らの観測に同行したし、長い時間をかけて科学的な議論を続けた。ベラは、バービッジ夫妻に会って初めて本当に素晴らしい天文学者に触れることができたのである。他の人たちとは違って、バービッジ夫妻は何の先入観もなしに彼女の考え方を聞いてくれたのである。

1965年に、ベラは一つの「革命」を起こした。女性として初めてパロマー天文台の観測時間を「正規に」得ることができたのである。このときまでは、女性でも観測することはできたが、それができたのは別人の名前で申請していたからである。マーガレット・バービッジの観測は、実は夫の名前で申請して許可されたものであったのである。1960年時の観測申請案内には次のような文言が書かれていた。「滞在上の制限があり（トイレは一つで男性用しかない）、女性を受け入れることはできない」と。彼女を受け入れたときは、この文言は鉛筆書きで「通常の状態では女性を受け入れることはできない」と変更されていた。ベラがこの年、観測時間を得たのは48インチ（1・2メートル）望遠鏡であった。観測の最初の夜は大雪が降って、観測そのものはあきらめざるを得なかった。彼女はこの空き時間を使ってパロマー天文台の色々な施設を見ることにした。有名な200インチ（5メートル）望遠鏡を見ようとすると、そこには同じく雪で観測ができなくて所在なげな人に会った。建物の中を彼はいろいろ案内してくれた。望遠鏡はすべてカバーが掛けられていた。そして、大層な身振りで、ある所のドアを開けて大仰に「これがかの有名なトイレだよ」と言い放った。後年このドアにかけられている男性用という表示を嫌って、彼女はスカートをはいた女性のイラストを付け加えた。もっともしばらくするとその表示はなくなってしまったということである。

◉様々な分野での発見

1965年になって、彼女は常勤職を得ることができた。ガモフと研究をしているとき、彼女は彼の研究室に入ることができなかった。彼の所属する応用物理研究所では女性を研究室に入れることを禁ずるという規則があったのである。二人が相談するのは、研究所の玄関ホールでのみ可能であった。もっと議論しやすい所はないものかと探し続けていた。ガモフは当時、カーネギー研究所の生物物理学者とデオキシリボ核酸（DNA）の研究をしていたので、この研究所の地球磁場研究室の図書室でベラと議論することにした。ベラは、その研究室を気に入ったので、1965年にその教室の主任に定職の口を相談してみたところ、幸いにもそれを得ることができた。給料は安くて、ジョージタウンのときの半分以下であった。この研究室に就任して、ベラは巨大なブラックホールが中心に隠れているクェーサーを研究し始めたが、すぐにそれをやめてしまった。彼女は自分の興味に従って研究する傾向が強かったのである。

そこで同僚のケント・フォードと一緒になって、

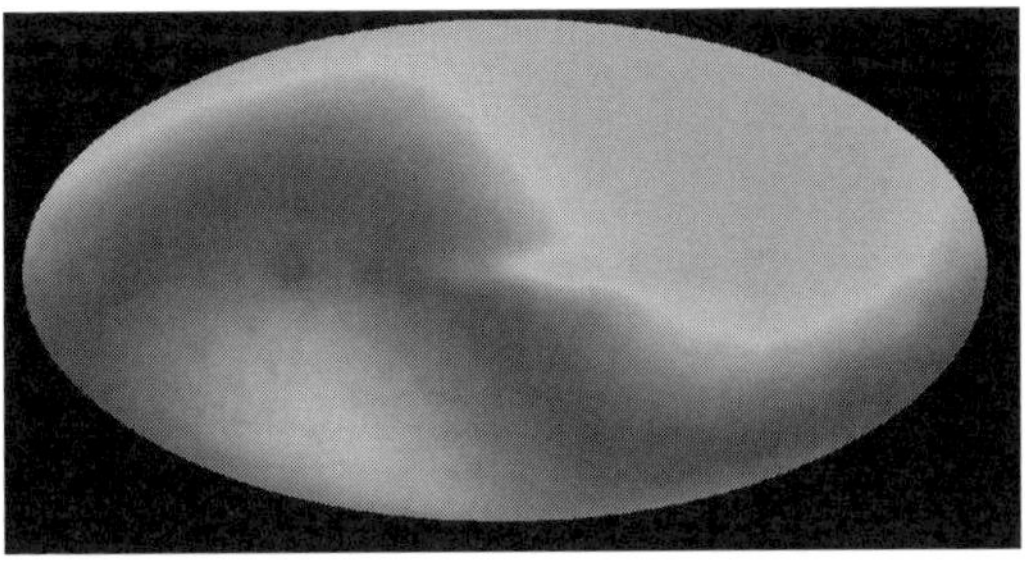

図6-3　地球は宇宙の中でじっと留まっているわけではない。太陽の周りを公転しているし、太陽そのものも天の川銀河の中心の周りを周っている。天の川銀河も局部銀河群の中を動いているし、局部銀河群ももっと大きな超銀河団の中を動いているのである。この運動がすべて重なり合うと、ドップラー効果によって、宇宙背景放射の温度が方位ごとに異なるという現象を引き起こす。図の中央で水平方向に明るい部分が切れ込んでいる。これは、我々の銀河の電波放射が少し見えているのである（COBE衛星データによる図）。

彼女は昔の修士論文のテーマを再度研究し始めた。修士論文の結論を裏付けるような新データが集まってはいたけれども、多くの天文学者はまだ彼女の結論を受け入れるところまで至っていなかった。少しふざけて、二人は研究結果を「ルービン・フォード効果」と命名して新たな結果であるかのように発表した。しかしながら、大きな規模での宇宙の運動というベラたちの発見は、有名な天文学者ジェラール・ド・ボークルール（および学会全体）が、「局所超銀河団」の存在を確かめるのに大いに役立ったのである。天の川銀河は毎秒600キロメートルという速度で「巨大引力源」に向かって運動している。これは、宇宙背景放射の解析からわかったことである。今日では、この運動は大規模流（Large scale streaming）と再命名されて宇宙論研究の中心課題となっている。もはや一部の研究者だけの「効果」ではなくなっている。

しかし、彼女らは、当時の研究者の反論に、このテーマに関しては少し熱意が失せて、研究の対象をあまり反論が起きないようなものに変えて、それに取り掛かり始めた。長く熟考した後、選んだテーマは次の疑問に答えようとしたのであった。「渦巻銀河というものは、どうして明るさが様々なのであろうか。その形も種々あるのはなぜだろうか」という疑問である。渦巻銀河は三つのタイプに分けられている。Ｓａタイプは中心バルジが目立つもの、Ｓｃタイプは中心バルジが小さく渦巻模様が目立たないもの、Ｓｂタイプは両者の中間である。ベラはこのタイプ間の違いは、それぞれの銀河の自転の違いによるものではないかと考えついた。そこでベラは個々の銀河の自転速度を測定して決めようとした。特に、あまりよく調べられていない銀河の周縁部の運動を調べようとしたのである。

当時、それぞれの銀河中心近くの自転の様子を調べるのが研究者たちの関心事であった。ベラは彼女の常として、別の道をたどったのである。銀河周縁部を調べるのは実は初めてではなかった。すでに1963年にキット・ピーク国立天文台で天の川銀河に属する星で銀河周縁部にある星々の運動を調べていたのである。この地道な研究の業績は、我々の銀河の周縁部の運動を明らかにしたもので、初めて学会に素直に受け入れられたのである。今回彼女は別の銀河で同じ測定をしようとした。そして今回は絶好のときであった。ケント・フォードが新しい分光器を完成させており、それを用いると遠い銀河の周縁部の暗い天体の速度を

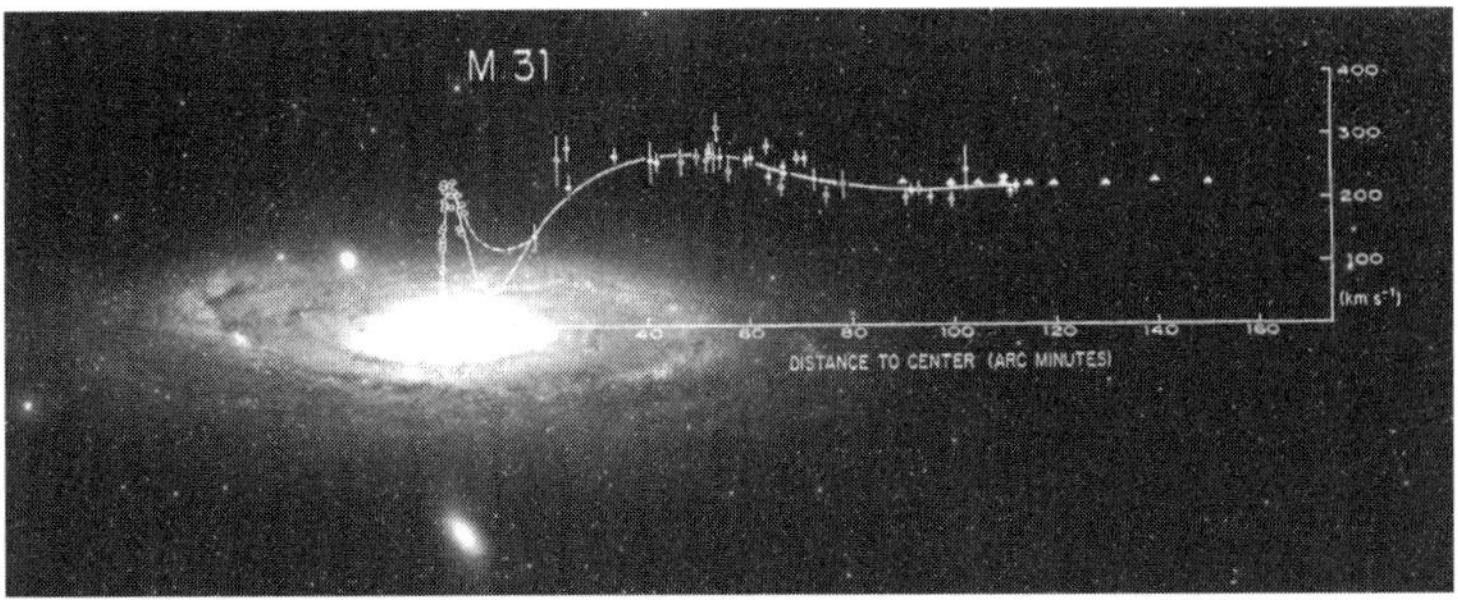

図6-4 アンドロメダ銀河（M 31）の回転は異常である。周縁部の回転速度が銀河中心付近の回転速度と同じくらい大きな値をもっている（Rubin & Dunlap）。

測れるようになっていたのである。

1970年に、二人は一緒にアンドロメダ銀河（M31）を観測した。その結果は奇妙なものであった。周縁部の回転速度は、中心近くの速度と同じくらい大きかったのである。もし質量分布が明るさに比例すると仮定できて、かつ大きな規模でも重力の法則が成り立つならば、銀河内の自転速度は周縁部に行けば行くほど小さくなるはずである。ベラとフォードは、M31が特異な銀河なのであろうと考えて、さらに他の銀河について調べていくことにした。ところが予想に反して、どの銀河を観測しても一緒の結果が出てきたのである。回転速度は銀河中心からの距離に応じて低下するという予想通りにはならなかったのである。

ベラは、過去の同じような問題がどのように解決されたかを思い出した。それはフリッツ・ツビッキーが観測した銀河団の問題である。銀河団内の個々の銀河の速度が、銀河団内に「見える」物質の質量から予想される速度よりも大きな値を示すという問題であった。彼女は、この問題と共通した原因であることを見抜いて、同じように解決できると考えた。銀河の中には明るくない（暗い）物質、すなわち、我々には観測されないけれども引力を及ぼす物質（暗黒物質）があり、自転の様子を理解するにはその存在を無視できないと結論つけた。度々のことであるが、この結果もすぐには受け入れられなかった。しかし、同じような結論を得ていた電波天文学者たちは、彼女の結果を受け入れて賛意を表明した。M31についての1970年のベラの研究、1980年の20個の銀河についての結果、1985年の60個の銀河についての結果、そして今日までの多くの観測結果は、同じ問題を抱えている。暗黒物質の存在自体は今日誰も疑わないけれども、天文学者は目に見えない暗黒物質の直接的な証拠を示すことがまだできていないのだ。

我々の宇宙にある未知なるもの

物質はすべて、それ自身が放出する光でその存在がわかると、長い間信じられてきた。しかしながら20世紀後半になって、この確信が否定されたのである。今日では、我々は全く違う宇宙の描像に面しているのである。銀河の動きはいわば重力の糸でつるされた操り人形の動きと考えられるので、天文学者はその人形を操るものが宇宙には存在すると考えるようになった。この人形使いは、暗黒物質（ダークマター）と呼ばれている。これは、もう一つの未知なるものである暗黒エネルギー（ダークエネルギー）と合わせてよく議論される。これまで人類が観測してきたものは宇宙のわずか数%に過ぎなくて、宇宙の主役は舞台裏にいて、人類の「粗末な」観測装置では見えないのである。何千年も天文学研究を行ってきたけれども、我々は宇宙のほんの一部分しか知らないのである。宇宙の支配者というものがいたとして、我々はそのはかりごとにうまく嵌《は》まってしまったのであろうか。支配者は、ほくそ笑んでいるのかもしれない。この問題は、何もつい最近気が付かれたのではない。1932年、著名なヤン・オールトは、天の川銀河の星の動きを説明するためには、我々の銀河の質量はそれまで思われていた値よりももっと大きくないといけないことを発見した。この異常性は信じがたかったので、オールト自身もそれほど強く主張はしなかった。7年後、ホーレス・ウェルカム・バブコックがアンドロメダ銀河（M31）で同様なことを見出したが、これもやがては忘れ去られてしまった。しかし、1933年にスイス出身のフリッツ・ツビッキーが、新たに発見された銀河団の中で、見慣れない動きがあることを観測した。銀河団という構造が安定なものであるのか、それとも偶然そのような集まった形となったのかを解明しようとして、1億5000万光年離れたところにあるかみのけ座銀河団を調べたのである。彼の得た結果は驚くべきものであった。もし、この銀河団内の個々の銀河の運動を閉じ込めて銀河団そのものが安定して存在するためには、この銀河団内で観測されているすべての物質（星および星雲）の合計の400倍もの質量が必要であるとの結果を得たのである。3年後、シンクレール・スミスは、おとめ座銀河団について同じような結論を得た。物質が足りないという問題が生まれたのである。しかし、これらの結果は、学会には大きな反響をよばなかった。観測データ数が限られていたし、その質もよくはなかったからであった。むしろ、様々なモデルを考えると、見えない物質を仮定するよりは、常識的な考えで説明できるというのが大方の反応であった。1959年になってまた別の前進があった。フランツ・ダニエル・カーンとロードヴァイク・ウォルチェが、M31が我々の銀河に近づく速度を理解するために、未知なる物質があるのではないかと示唆した。ところが、この考えは人々を納得させることはできなかった。

この未知物質の存在に直面するようになるのは、1970年代になってからである。この頃、天文学者たちは渦巻銀河の自転速度を精密に測るようになった。その当時の観測装置の性能を考慮に入れて、多くの観測者（マーガレット・バービッジもその一人である）は、銀河の中心近傍の明るい部分の速度を調べることに集中した。銀河の中心部分では、中心からの距離が離れると速度が大きくなるという結果が得られ

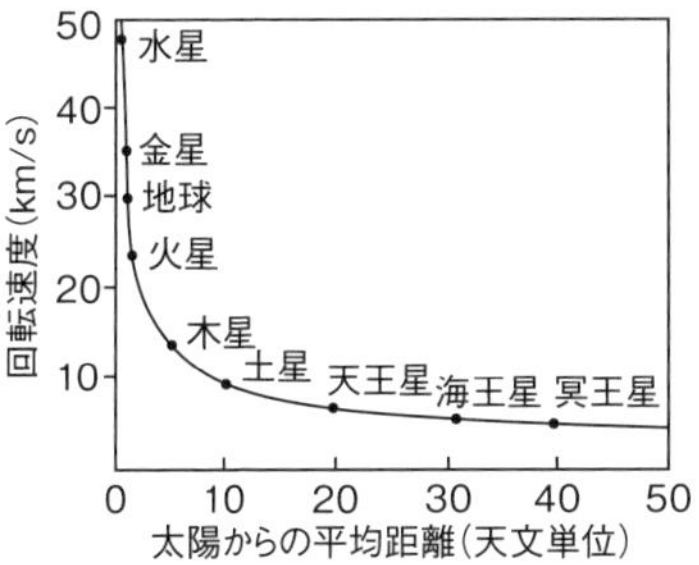

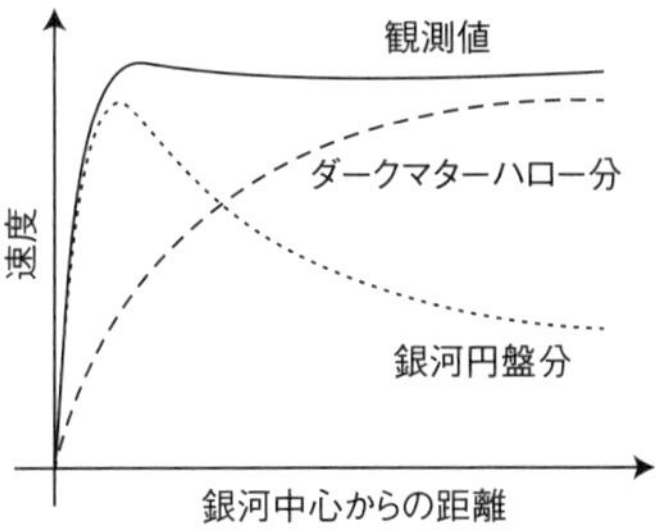

太陽系においては太陽が大部分の質量を担っているので、惑星などの回転速度は太陽から離れるほど低下する（Rubin, *Pour La Science*, 1983 年 8 月号）。銀河についても中心が明るく輝いているのでそこに質量が集中していると考えられていた。銀河観測の結果（右図）は、予想に反して中心から離れても速度は低下していなかった。質量は中心に集中しているのではなく、光を出さない暗黒物質が広く散らばっていることを示唆している。

た。これは、理論的に予想されたこととよく一致した。そして、銀河の周縁へ行けば行くほど回転速度は低下していくであろうと理論的には予想されていて、近い将来の観測で確認されるであろうと思われていた。その観測を実行した人たちがいた。可視光線ではベラ・ルービンが観測したし、電波領域でも観測がなされ、銀河の端までの回転曲線が得られた。なんと奇妙なことに回転速度は銀河の縁までそれほど低下しなかったのである。

基本的な物理原理を変えることを避けるという考え方に従うと、次のような考えが浮かんでくる。銀河の明るさを変えることなく、銀河の質量を増やすものがあればよい。例えば、銀河を球形に取り巻く光を出さない巨大なハロー（訳注1）があればよいというものである。天の川銀河の場合は、半径30万光年でマゼラン雲をも含むようなハローである。別の計算では、60万光年の半径のハローが取り巻いているという説も出た。この半径はほぼアンドロメダ銀河と天の川銀河間の距離の半分近くになる。二つの銀河のハローどうしが接するくらいのものになる。この結果はどうも信じがたい。

別の方面での観測から、見えない質量物質が必要であることが示された。つまり、X線で見つかった銀河を取り巻くガスを説明するため、重力レンズ効果（訳注2）を説明するため、そして宇宙論モデルの理論と観測（宇宙背景放射や遠方超新星の光度問題など）を矛盾なく説明するためには、明るさから求められる質量よりもっと大きな質量、すなわち暗黒物質の存在が必

（訳注1）銀河全体を包み込む巨大な球形の構造。天の川銀河ハロー中には、ガスや球状星団が観測されている。暗黒物質に対応する見えないハローは、仮想のものである。

（訳注2）一般相対性理論によると、光も大きな質量をもつ天体に引き寄せられる。これを、重力レンズ効果という。

須となってきたのである。しかし一体どのようなものが暗黒物質なのであろうか。普通の物質ではないとすると、まだ検出されたことのない粒子であるWIMPs（訳注3）やアクシオン（訳注4）なのかもしれない。想像を膨らますと、暗黒物質粒子が風となって地球にも大量に降り注いでいるのかもしれないのである。19世紀に議論されていたエーテル（訳注5）の風が別の形で復活するのかもしれない。暗黒物質、ひいては暗黒エネルギーについては、誰も確たることがわかっていない。暗黒物質の本質についてはどれが当たるか賭けのような状況である。奇妙な粒子であるのか理論に問題があるのか、いまだわからない。手の付けようがない状態であるので、我々は答えが出てくるのを座して待つのみである。

ベラはその後も銀河とその運動の研究を続けた。1992年には、長年温めていた考えをまとめ、また新たに驚くような結果を公表した。大学での職が終わる頃、彼女はNGC 4550という銀河を研究していて、そのスペクトルが異常な振る舞いを示していることを見出した。何か思わぬ運動が起きていて、そのせいでスペクトルが異常になっていると直感したけれども、当時の観測はあまり質が高くなかったため、しばらくは公表を控えていた。その後、かなり年月が経過して、新しい観測データが得られ、それを調べると、彼女の最初の直感が的中したのである。NGC

（訳注3）弱相互作用重粒子。Weakly Interacting Massive Partiles の略称で、電磁気的な相互作用を示さず、弱い力で作用する質量の大きな素粒子である。理論的にその存在が提唱されているが、いまだ観測的に確認されてはいない。

（訳注4）素粒子の理論からその存在が予想されているが、いまだ未発見の素粒子。強い相互作用と重力相互作用をもつ。

（訳注5）遠方の天体から光が地球に届くのは、宇宙空間にエーテルと呼ばれる媒質が存在して、その中を光波が伝わってくるためと19世紀には考えられていた。現在は、このような媒質を考えなくても、光は真空中を伝播すると考えられている。

4550の一部はある向きに回転しているけれども、別の部分は逆向きに回転しているという驚くような結果が出たのである。このような運動は銀河全体が単体としてあるときに生まれただけでは起こり得ない。このような変わった運動状態を最も自然に説明できるのは、銀河が周りから徐々に物質を引き寄せて成長していくモデルを考えることである。ベラとそのチームは、他の銀河でも同じようなことがないか調べた。その結果、たくさんの銀河が、その内部に逆回転している星を含む「異常な」運動を示していたのであった。NGC 4550はそのもっとも極端な例で、逆方向に回転している同じような大きさの二つの銀河が衝突し合体した例である。ベラたちやその他の研究者によってこのような実例が多数示されると、天文学者たちは銀河の成り立ちについて考えを改めざるを得なくなった。天の川銀河についても新しい描像を描くよう

図6-5　不可思議な銀河NGC 4550（下）と近隣銀河NGC 4551（上）（©DSS）。

になってきた。天の川銀河の周りには、小さな銀河が漂っており、天の川銀河に引き込まれるような兆候を示しているし、さらには過去に起こった小銀河の落ち込みの名残である恒星流も見つかっている。

◉回想と省察

ベラは人生（彼女は2016年のクリスマスに亡くなった）において、常に独創的な疑問をもって研究テーマを選び、その成果は人々の宇宙観を変えるようなものであった。どのテーマの場合も、彼女の発表した成果は、初めは周りからは疑いの目で見られた。おそらくはその素晴らしさを認めたくない研究者がいたためかもしれない。しかし、時が経つにつれて彼女の成果の正しさはいずれも認められたのである。彼女の業績は最終的には認められたけれども、かなり遅きに過ぎたと思われる。1993年にアメリカ国家科学賞とディクソン賞科学部門を、1994年にはヘンリー・ノリス・ラッセル講師職を受賞した。2002年にはグルーバー賞宇宙論部門、2003年にはブルース・メダルを授与された。1996年には、イギリス王立天文協会からゴールドメダルを得た。これは長い歴史上二人目の女性受賞である。第一番目の女性はキャロライン・ハーシェルで、はるか168年前の1828年のことであった。

この状況を思い起こすと、彼女はため息を漏らすしかなかった。女性であることが天文学を続ける上で妨げとなるとは少しも思っていなかったが、様々なことが引き続くと、世間と折り合いを付けざるを得なかった。ベラは学者としての生き方と家庭生活をうまくこなした稀に見る女性天文学者である。家庭では夫の面倒を見、4人の子ども（デイビッド、ジュディス、カールとアラン）の世話を焼いた。幸いにも子どもたちは皆、若いうちに独り立ちをしてくれた。ベラは科学的業績と同じように、子どもを4人も育て上げたことを誇りに思っていた。子どもたちはそれぞれの科学の分野で博士号をとるほど成長したのであった。しかし、ベラが悔しく思うのは、年を経ても女性の立場はそう易々とは良くならなかった点である。彼女の娘ジュディスもベラ自身と同じように冷遇されるということが起こったのである。ジュディスがある問題を抱えたとき、大学の若くて聡明な指導教員が、大学をやめて結婚してはどうかと助言したのである。後年、彼女が大学院生になって結婚をしたとき、博士号を目指さず修士号にしておこうと決めるほどであった。「既婚女性が天文学研究者を目指すなんてなんと馬鹿げたことか」という風潮であった。この風潮は大昔のことではなく1970年代のことである。男性の大学院生が結婚したって、何の問題もなかろうと思われるのに、である。

第7章

宇宙空間に浮かぶ灯台

ジョスリンの信じがたい発見

電波天文学にとっては、天空の主役は星々ではない。電波で観測されるのは、巨大ガス雲、活動的な銀河、そしてビッグバンの名残である宇宙背景放射などである。しかし、電波観測で発見された奇妙な星がある。その発見以来、天文学の花形の位置を占めてきた天体、パルサーである。この天体は規則的な電波パルスを放射するものである。この特別な特徴は、発見者である天文学者を一度ならず驚かせるものであった。この発見者とは、ジョスリン・ベルという名の若き女性研究者であった。

●スーザン・ジョスリン・ベル・バーネル

1943年7月15日に北アイルランドのベルファストで生まれたスーザン・ジョスリン・ベルは、天文学に親しみやすい環境で成長した。彼女の家はアーマー天文台の近くにあった。その家は建築家である父が建てたものである。ジョスリンが小さなときから天文学者になりたかったのは、さほど驚くことではない。両親はわが子が天職に就けるように励まし、両親の書籍をあさり読むことを許したし、天文台の人たちも定期的に彼女の相談相手になっていた。

11歳のときの進学試験で、彼女は残念なことに不合格となってしまった。この失敗があっても、若きジョスリンのアイルランド魂を傷つけることはなかった。我が子に良き教育を与えたかった両親の支えがあって、若い娘でありながらイギリス本土に向かい、1956年から1961年までの間、ヨークにある女子高校マウント・スクールで学んだ。その学校で、彼女は大学入学に必要な教育を授かった。その学校には熱心な物理の教師がいたけれども、総体的にみて科学の教育は十分にはなされなかった。粘り強いジョスリンは、そのことを気にもかけず勉強を続け、物理学を学ぶためにグラスゴー大学に入学した。物理学の教育が不足してはいたものの、彼女は自分の夢をあきらめず努力を重ね、一年間の猛勉強の結果、一番優れた学生であると認められた。男子大学生たちに混じって研鑽《けんさん》を積み、1965年には理学士の称号を得た。そして、ケンブリッジ大学の電波天文学グループの博士課程学生となることに成功した。当時このグループは次々と成果を上げる活発な研

図7-1　ジョスリン・ベル。

究グループであった。

ケンブリッジの電波天文グループでは、マーガレット・クラークが惑星間空間シンチレーションを発見したところであった。この現象は、星間ガスや太陽から放出されたプラズマの密度変動によって、遠方の電波源の強度が揺れ動いて地上で観測されるというものである。電波が伝わる間の空間に物質があること、および電波強度が揺れ動くことの二点がともに重要な点である。シンチレーションという現象は、可視光線ではよく知られている。星が地平線に近い低い高度にあるとき、星の光の強度は地球大気の乱れのために揺れ動く。一方、惑星を可視光線でみるとこのシンチレーションは目立たない。光源の大きさが問題である。点光源の場合は、シンチレーションは観測されるが、小さな円盤として見える惑星の場合は、このシンチレーションが目立たなくなるのである。電波領域でも同じことである。大きく広がった電波源のシンチレーションは小さいが、小さな点光源として見える場合はシンチレーションが大きいのである。電波天文学者のアントニー・ヒューイッシュは、この点に注目して、クェーサー（準恒星状天体）がシンチレーションの観測から検出できることに気がついていた。このクェーサーは、中心に巨大なブラックホールがあり、周りのガスを呑み込んで活動している銀河であると現在ではわかっている。この電波源は遠方にあって地上からは点状にしか見えない。このような電波源が大きなシンチレーションを示すと、その天体はクェーサーである可能性が大きいのである。

このアイデアを実現するために、ヒューイッシュは専用のアンテナで特別な観測を行うことを思いついた。彼は自ら手を下してそのプロジェクトを行うことはせずに、実際上の作業は24歳の博士課程の学生ジョスリンに任せた。彼女は同期の大学院生やバカンス中の学生の助けを借り、2年の歳月をかけて2048個の双極子アンテナを杭に設置して巨大な電波望遠鏡を作った。その面積は2万平方メートルの広さになった。テニスコート60面の広さである。総延長14キロメートルの信号線（総重量2トンの銅線）でつなぎ、総延長124キロメートルの電波反射ケーブルを設けた装置であった。総経費は1万5000フランであった。この額は電波観測所にとっては微々たるものであった。この建設の間に、ジョスリンは痩せた体であるにもかかわらず、7キロもの重さの槌《つち》を軽々と扱えるようになったのである。

もちろん、このマンモスのような望遠鏡は向きを変えることはできない。地球の回転につれて視野に入ってくる電波源の強さを測る方法をとることになる。1967年7月以降、81・5メガヘルツの周波数で、天球の四つの帯状のゾーンが継続的に観測された。観測ゾーンのどの場所も6か月の間で30回測定がなされるペースであった。観測が進むにつれて次々と記録紙に強度が記録されていく。毎日29メートル長の記録紙が、年中無休でプリンターから出力されてくる。ジョスリンは望遠鏡の運用とデータ解析の両方を一人で担当していた。解析は手と目で行う昔からの方法であった。何百メートルもの記録紙を点検するにつれて目が養われ、通信・放送などによる人間活動が原因でひきおこされる電波雑音とシンチレーションを起こす電波源とを区別できるようになった。この後者が、博士論文の対象となるクェーサー天体である。

アンテナで観測を始めて2か月ほどたったある日、ジョスリンは一つの奇妙な信号があることに気がついた。それは、雑音でもなく、シンチレーションでもなかった。気になって、これまでに取りためた記録紙の中に同じような信号が記録されていないか、それも上空のある決まった方向から来ていないかを調べてみた。何キロメートルにもなる過去の記録紙を調べなおして、いつも上空のある場所からその奇妙な信号（彼女は当初「ゴミ」信号と命名していた）が来ていることを見出した。この観測結果は確かにこれまで誰も知らなかったことで、注目すべきことである。しかし、そうこうしているうちに、何週間かが過ぎてその信号は

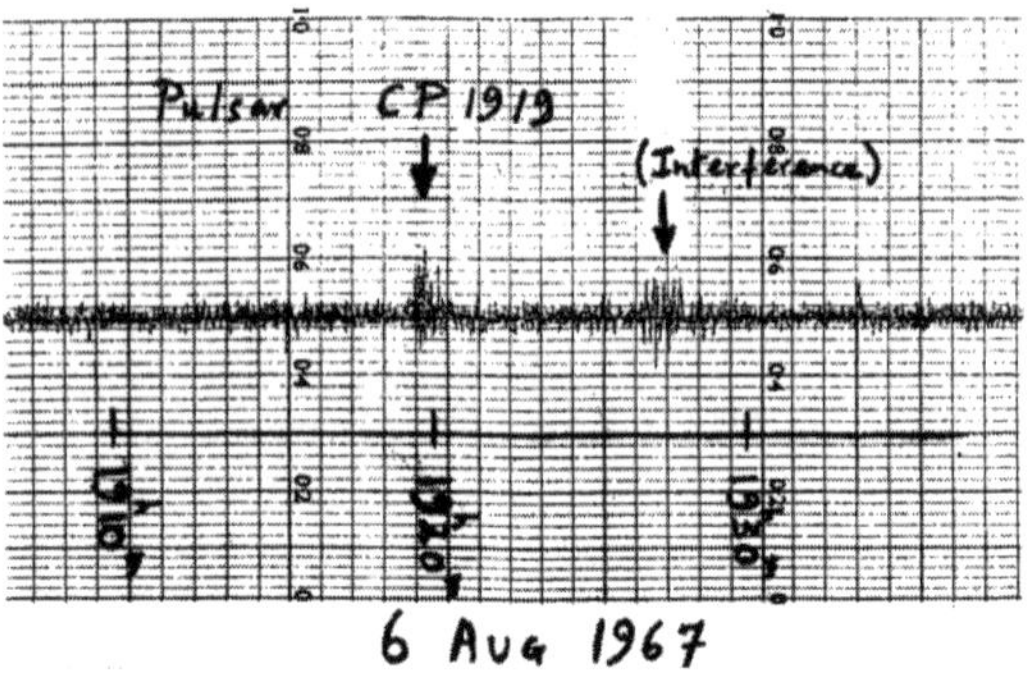

図7-2　電波源CP1919の観測は1967年8月6日に初めて行われた。その信号は地上の電波による干渉雑音（Interference）のように見えた（*QJRAS* 27, 548, 1968）。

見られなくなってしまった。彼女がそのことをヒューイッシュに語ったとき、彼はその結果が信じられず皮肉っぽい口調で、「それは突発的に輝く星だろうけれども、残念ながら、見失ってしまったのだね」と答えた。

彼女は落胆せずに辛抱強く観測を継続し、そしてついに彼女は報われた。その電波源は1967年11月に再び明るくなったのである。電波源の様子を詳しく知るために、通常よりもっと細かくその時間変化を記録してみたところ、「ゴミ」信号は実は1・3秒間隔のパルスでできていた。ヒューイッシュはこの事実を見て、「これは新しい放送局が電波を出し始めたか、あるいはそれに類するような人間社会の活動がその源であろう、とても自然界でこのような一定の周期現象があるとは思えない」と述べた。

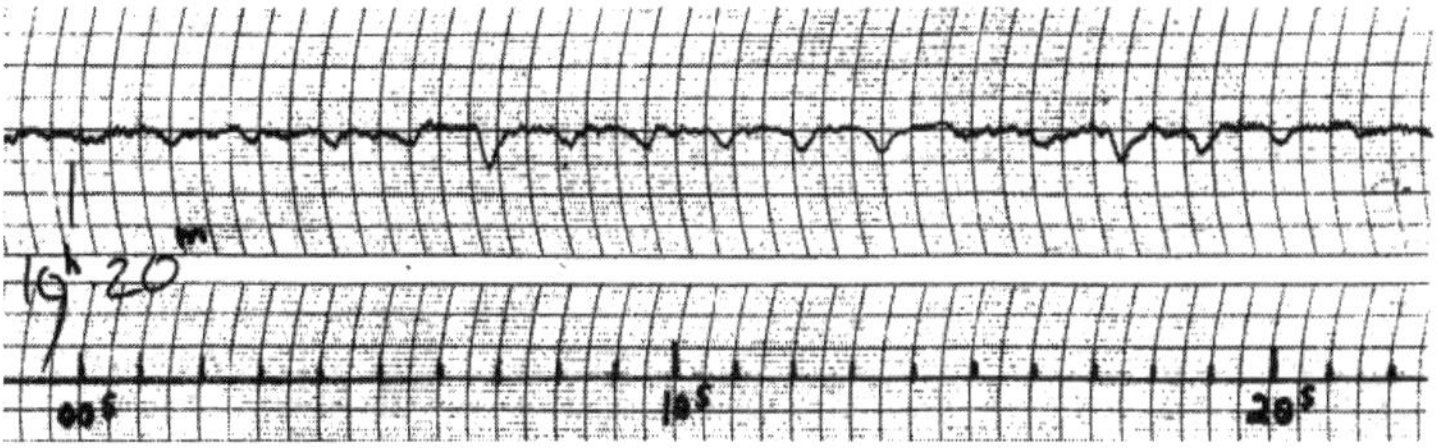

図7-3　1967年11月28日にCP 1919のパルスを初めて検出した（上段）。時間較正信号（下段）とくらべると、このパルスは1.3秒の間隔であることがわかる（*QJRAS* 27, 548, 1968）。

彼女自身の表現である「天文学で全く知られていなかった」現象について、ジョスリンは天体現象である可能性を捨てきれなかった。すべての可能性を考えるというオープンな姿勢を保ち、密かに恒星が電波源かもしれないという考えを推し進めていた。当初は疑いの眼でみていたヒューイッシュが興味にかられて、ある晩観測にやってきた。彼は一つのことを証明しに来たのである。ジョスリンが彼に説明しておいたように、この「電波源」は24時間ちょうどで現れるのではなく少し早めに、23時間56分ごとに現れるのである。夜空の星の動きの周期と全く同じなのである。わざわざ星の動きと同調して電波を発する活動をするような変わった人間は(天文学者を除いては)いない。ジョスリンとヒューイッシュは、この事実を同僚の電波天文学者に連絡を取って意見を求めたが、この奇妙な電波源についてはなかなかいい反応がなかった。月で反射されたレーダー信号ではないかとか、特別な軌道を動く人工衛星からの信号ではないかなどの、近くの建物の影響であるとか、最後には望遠鏡そのものに問題があるのではないかとか意見が出た。二人はこれらの可能性を一つ一つ潰していった。

ポール・スコットとロビン・コリンズという同僚が、最終確認の観測を提案した。彼らはジョスリンとヒューイッシュに、自分たちのアンテナで観測してはどうだろうかと持ち掛けたのである。もし望遠鏡の問題ならば、別の望遠鏡で観測したらその信号は受信しないであろうという考えである。スコットとコリンズの望遠鏡の観測結果をざっと見たところ、何の信号も見えなかった。天文学者たちは当初の目論見が外れて、ジョスリンの観測結果に疑いをもち始めた。ヒューイッシュとスコットは議論を続けていたが、ジョスリンは沈み込んでしまった。コリンズだけが記録機の前におり、出力を見ていた。そしてついに信号が現れたのである。スコットの望遠鏡で観測する周波数がヒューイッシュのものと違っていたため遅れて信号が現れたのである。周波数の異なる観測の到着時間の違いは、星間空間を伝わる電波の速度が周波数に依存することが原因である。同僚のジョン・ピルキントンはこの時間差を調べてこの電波源までの距離を求め、太陽系の外であるけれども天の川銀河内のそう遠いところではないとの結果を得た（今日では、この電波源は地球から約2300光年離れた位置にあるとわかっている）。

信用させるためにはまだまだ証拠が必要である。一見、人工的に見える信号は、我が地球から発せられたものではないという状況である。それはもう一つの「地球」からやってきているのであろうか。電波信号からは、その電波源は太陽の周りを回る地球のような回転を示す兆候はないけれども、この仮説は捨てきれないとの意見もあった。ジョスリンはこの暴論に頭にきて、「そうです。『緑の小人』（Little Green Men, LGM）が、メッセージを送ることに決めたのです。それも私の観測周波数で私のアンテナに向けて通信しようとしたのです（そんなことはあるの？）。」と反論した。この電波源はLGM－1と一般に名付けられたけれども、ジョスリンは周りがするがままに任せた。

別の記録紙を調べていたところ、ある晩ジョスリンは上空の別の場所から来ている別の「ゴミ」

信号を発見した。彼女はその晩のうちに、もう一度この新しく見つかったものが本当であるかどうか確かめることにした。ところが、真冬の時期で屋外の装置は凍りついており、動きそうになかった。それでもジョスリンは装置のスイッチを入れて、装置が温められるのを辛抱強く待った。時には早く動けばいいのにと毒づきながら。やがて装置は作動し始め、わずか5分間だけちゃんと動作した。幸いなことにこの5分間というのがちょうど目的の天体が観測できる時間帯であった。そして、そこから周期的なパルスが今度は1・2秒間隔で出ていたのである。ジョスリンの喜びはいかばかりであったろう。二つの異なる地球外文明が同時に地球に対して連絡を取ろうとすることは考えられない。この電波信号は、自然現象として天体から発せられたものに違いない。観測のまとめをヒューイッシュのオフィスに置いて、これで決着がついたと思って心穏やかにクリスマス休暇に出かけた。

休暇から戻ってみると、机の上にはその記録紙が、上司であるヒューイッシュによって丁寧に折りたたまれて置いてあった。そして一言コメントが添えられていた。「もっと数を増やせば正しさを証明できるのに」。ジョスリンは探索を継続して、瞬く間にもう二つ別の「ゴミ」信号源を見つけ出した。こうして、1968年2月の末頃に、論文が有名な雑誌『ネイチャー』に掲載された。ヒューイッシュが第一著者でジョスリンが第二著者であった。

パルサー　宇宙の灯台

１９６８年にパルサーが発見されたとき、その正体は謎めいたものであった。一体どのような仕組みで定常的なパルスを出すのであろうか。理論的な考えが三つほど提案された。最初のモデルは、その間隔が極めて短い近接連星による考えである。二つの星の接触点付近に局所的な小さな光源ができており、それが定期的に食で隠されてパルスとして見えるという説である。二番目のモデルは、高速自転星で説明する考えである。星の表面に小さな発光点があり、自転のためにとぎれとぎれで見えてパルス状になるという考えである。３番目のモデルは、星の表面の脈動を使う考え方である。脈動のある時点でしか強く輝かないのでパルスとして見え

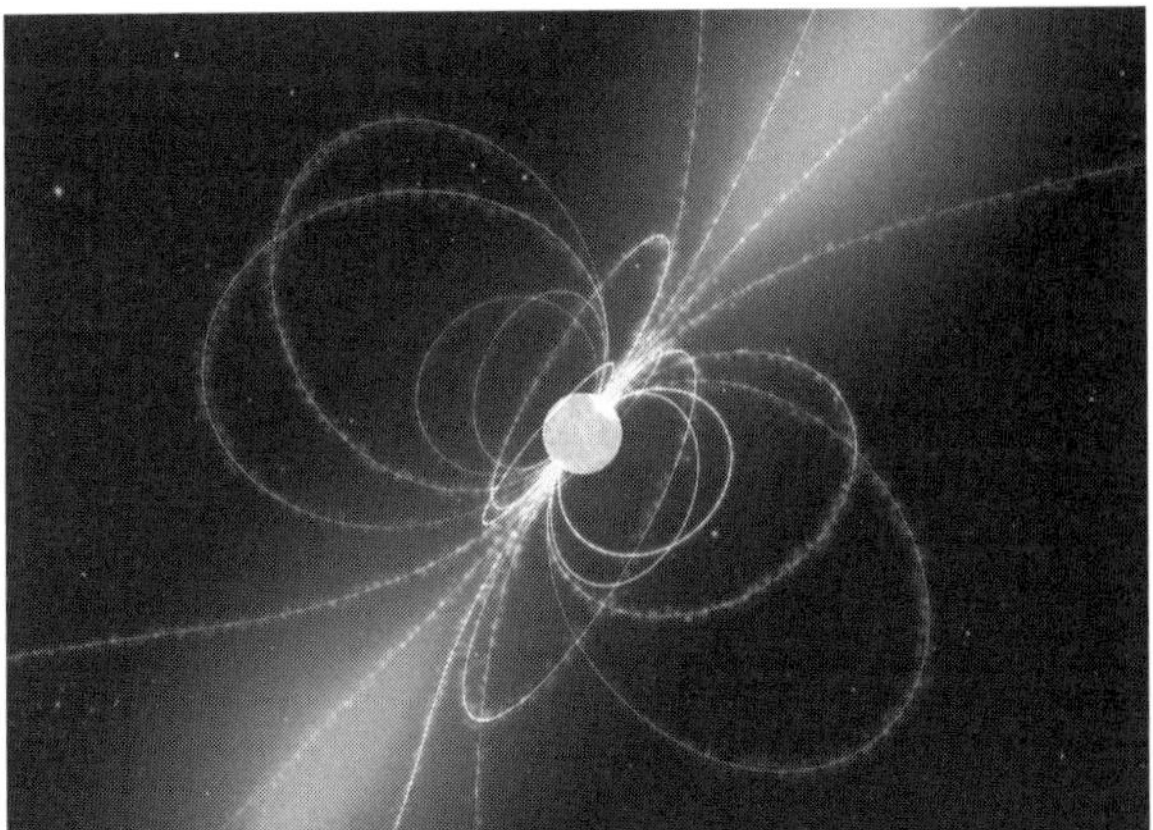

パルサーのイメージ（©NASA）。

るとする説である。いずれのモデルでも、パルス間隔が短いことから、パルスを出す天体は小さくて物質密度の高い天体であろうと推定されて、白色矮星や中性子星がその候補と考えられていた。

1968年の最後の3か月の間に、突破口となる観測が三つ行われて問題は急速に解決に向かった。10月と11月にパルサーが、ほ座の超新星残骸とかに星雲でそれぞれ発見されたのである。これらの超新星爆発から白色矮星ができるには、もっと長くの年月を要するはずであるし、白色矮星そのものは太陽程度の質量の星の進化の最終段階のものであって、超新星爆発を起こすのはもっと質量の大きな星なのである。であるから、超新星残骸の中にパルサーが見つかったということは、その天体は中性子星なのであろうと結論付けられた。しかし、パルスを出す仕組みそのものはわからなかった。連星、自転あるいは脈動いずれになるものかが決められなかったのである。ひと月経ってそれを解く観測結果が発表された。1968年の12月に、かに星雲のパルサーのパルス時間間隔が、1か月の間に徐々に長くなっていることが、電波観測によってわかったのである。このことから、パルスの原因は自転説でしか説明できないことがわかった。このことは、最もパルス間隔が短いほ座のパルサーや、かに星雲のパルサーが、まだ爆発が起こって間もない「若い」超新星に属しているという3番目の事実とつじつまが合うのである。爆発当初の高速自転が、やがてはブレーキがかかって低速になると予想されるからである。

理論面でもパルサーの正体を明らかにする準備が整っていた。中性子星の存在そのものは1930年代に予想されていた。強いX線を放射する天体が見つかったこと（および、5000万度という高温の中性子星の存在も示唆されていたこと）で、1960年代に再び中性子星の研究が盛んになった。ジョスリンが最初のパルサーを発見したその同じ月に、イタリアの当時無名であった理論家フランコ・パチーニが、高速自転する中性子星に強い磁場があると光を放射することを示したのである。これで説明がついたと思われたのだが、実はパルサーの振る舞いは奥深く、その一端が解明されたのに過ぎなかったのである。

中性子星という天体は実に奇妙な特徴をもっている。まず初めに、その物質密度が極めて高いことである。総質量は太陽の1.5から2.5倍なのであるが、半径数十キロメートルの球内に凝縮しているのである。1ccの重さが10億トンにもなるのである。密度は水の1000兆倍なのである。どうしてそのようなことがあり得るのか。よく知られているように、物質は原子でできている。原子は中心核とその周りを回る電子からできている。原子の中心核は陽子と中性子とでできている。原子の中で粒子が占める体積は極めて少ない。原子の体積のほとんどが何もない空間なのである。例えば中心核をゴルフの球に例えるとすると、電子は何キロメートルも離れた位置にいるのである。重い物質といわれる金や鉛ですら、その中のほとんどが何もない空間なのである。星の中心核が崩壊するとき、星の物質は強く圧縮される。ここで述べた原子内の空間が押し詰められるのである。

他にも中性子星独特のことがある。中性子星が生まれるときには100億度もの高温になる。重力崩壊する前は質量の大きい恒星で、もともと中心核部は温度が高く、それが崩壊によって極めて高い温度まで加熱されるのである。さらには、この中性子星は高速自転をするという特徴がある。回転している踊り手が、伸ばしている腕を寄せるとより速く回転するように、当初数百万キロメートルの半径をもっている恒星が、突然10キロメートル半径になったとしたら、自転は極めて高速になる。数十日で1回転していたものが、数ミリ秒で1回転するようになるのである。同様に、中性子星は強い磁場をもつという特徴がある。もともと弱い磁場があったとしても星の収縮につれて、磁場が強

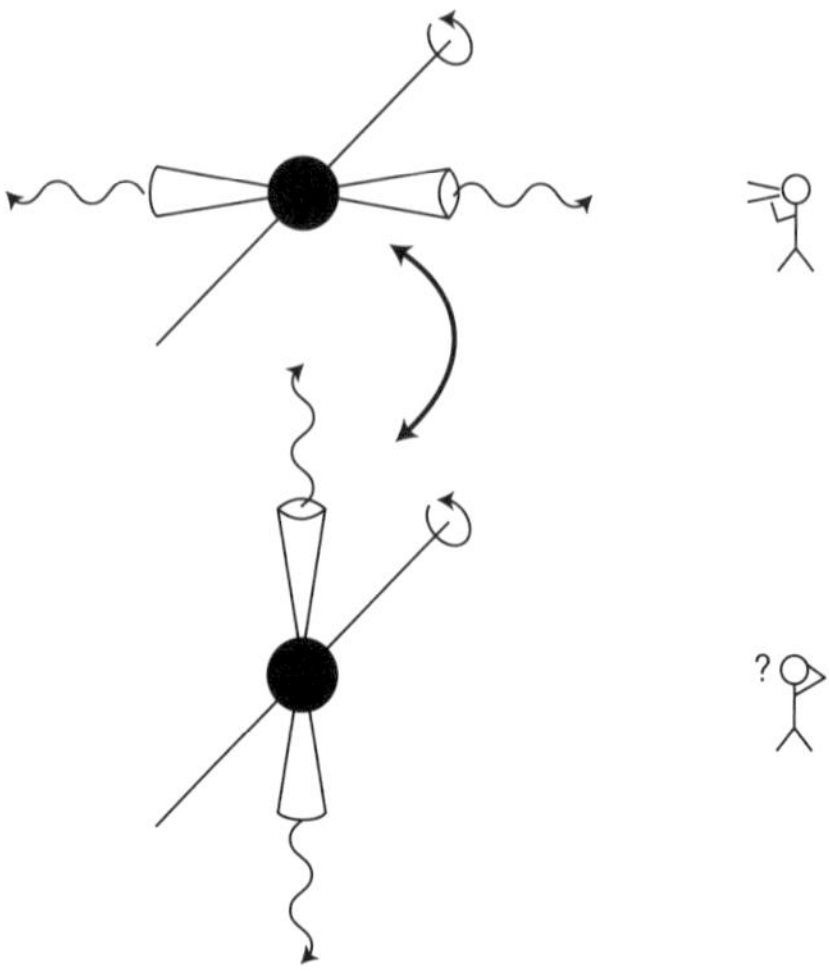

自然界の灯台であるパルサー。パルサーの向きが適切でないと、そこから放出される電波を検出することはできない。

くなっていくのである。地球磁場の1兆倍もの強い磁場となるのである。

このような状態の星では特異な現象が起こる。磁場があまりにも強くて、星の表面からガスをはぎとり、電離したガスからなる大気をつくりだすのである。この電気を帯びた粒子が磁場によって加速されて星から離脱し、この粒子が光を放出するのである。中性子星でこのような光を放出する場所は限られたところにある。その放出箇所が我々の方に向いているときのみ地球には信号は届いて、そうでないときには信号は全く来ないのである。自転の軸と磁場の軸とは一般的には一致しないので、磁場の強いところにある光の源から出る光の束が地球に周期的に届く形となる。ちょうど灯台のようなものである。光の束が地球を横切るときに明るいパルスとして見えるのである。今日では、天の川銀河には1000個に近いパルサーが検出されている。光の向きが悪かったり、もともと明るさが弱かったり、あるいは遠方にあって検出しにくいものもあるので、おそらく天の川銀河内には10万個程度のパルサーがあるだろうと考えられている。

ジョスリンはこの現象にひそかに「ベリーシャ・ビーコン」という愛称をつけていた。それに似ているという直感を働かせたのだ。これはイギリスで横断歩道の場所を示す点滅標識のことで、まさしく、宇宙の灯台を予言していたのかもしれない。ところが、今日でもパルサーの光放出機構の詳細やスペクトルの様子は完全に解明されていない。時々パルスが消えるものがあるが、なぜだろうか。X線でパルスが出ていないのに電波でパルスが出ているもの、あるいはその逆のものがあるが、どうしてであろうか。ジョスリン・ベルの発見したものは、まだまだ研究していかねばならない神秘性を秘めているのである。

最後に、中性子星あるいはパルサーが連星になっている場合を考えよう。相手の星が通常の恒星のときには、パルサーは相手の星からガスを吸い取るようなことが起こる。このとき、パルサーはエネルギーの再注入が起こって、自転速度が上がりパルス間隔が数ミリ秒になるまで「若返る」。連星になっているものが共に中性子星の場合もある。その最初の例が1974年12月にラッセル・アラン・ハルスとジョセフ・フートン・テイラー・ジュニアによって発見された。

連星相手の星を「食べている」パルサーのイメージ（©ESA）。

この天体は2万1000光年離れたところにあって、PSR B1913+16という名前のパルサーである。パルスの周期は59ミリ秒で、軌道周期は8時間弱である。この天体は一般相対性理論のテストを行う巨大な実験室となることが明らかになった。この二つの中性子連星が3・5メートル/年の率で、互いに近寄っているのである。1公転あたり3・6ミリメートルである。この比率は一般相対性理論が予言する値と一致するのである。互いに近寄って軌道エネルギーを失いつつ、重力波を出しているのである。今日、PSR B1913+16のような天体が、重力波放射を実験的に示す唯一の例として考えられている。この成果に対して、ハルスとテイラーは1993年にノーベル物理学賞を受賞した。ハルスはこの成果を上げたときには、まだ大学院生であった。スウェーデン科学アカデミーは、女性大学院生であったジョスリンのときのような過ちは繰り返さなかったのである。もっとも、ハルスは男性であったが。

この論文で、「LGM」仮説は完全に否定されると結論づけた。このセンセーショナルな結果を受けて、メディアはケンブリッジに押し寄せた。そして、この発見が一人の若い女性によってなされたことに驚きを隠せなかった。ジョスリンはこれまでの結果を博士論文にまとめあげた。もっとも、「ゴミ」信号源については、論文の付録でしか述べていない。記者たちに対しては、やはり「L

GM」仮説について話さなければならなかったし、マーガレット王女のような背丈かもしれないということやら、そのような地球外文明がいくつあるかということまで聞き出された。

この同じ年、1968年にジョスリンは結婚し、ケンブリッジを離れなければならなくなった。夫のマーチン・バーネルは国家公務員で、勤務地を転々としなければならなかった。妻となったジョスリンもそれに付き従って移動することになった。この年、ジョスリンはイギリスの南部で職を得ようと努めていたところ、サウサンプトン大学に就職することができた。そこでは電波天文学研究ではないガンマ線天文学研究が行われていた。ジョスリンは研究手段を変えるべく勤しんだ後、ガンマ線の新しい望遠鏡の開発に携わることになった。そのデータ較正を主に担当した。5年間そこで働いたものの、あまり報われることもなく、1974年にはロンドンのマラード宇宙科学研究所に移籍した。そこではアリエル5号（Ariel V）という人工衛星データを解析する担当となり、また研究対象を変えることになった。この人工衛星は、電波でもガンマ線でもなくX線で宇宙を観測する衛星だったのである。この転職では不自由さが倍増した。彼女は、一年前に息子を出産し、午後はその養育にあてることにしたため、半日しか仕事ができなくなったのである。この半日勤務の形は18年続いた。夫のマーチンの意向によって自宅勤務ということで承認されていたのである。彼女は1989年には離婚をして、この勤務形態も終わりを告げた。サウサンプトン、ロンドンの後、彼女はエジンバラ王立天文台に移って1982年から1991年の間働いた。今度は赤外線天文学が主題であった。これまでと同様に、観測する電磁波の波長が変わっても、たちまち対応し専門家となった。そして、ハワイに建設されたイギリスのジェームス・クラーク・マクスウェル赤外線望遠鏡の責任者となった。

彼女は絶え間なく移籍を繰り返して研究テーマを変え続けたけれども、それだけではジョスリンが定職に就けるようにはならなかった。それほど天文学では定職を得ることは難しいのである。しかし、1991年に彼女はミルトン・キーンズにあるオープン大学の正規教授に就職した。この就職で、イギリス連邦の女性物理学教授の数が倍増することになった。1973年から1987年の間、講師として講座を担当していたこともあり、この新規の大学のことはよくわかっていたが、この就職は彼女にとっては一つの挑戦であった。この大学は正規のそれとはかけ離れて、もう一度学びなおしたい人々に機会を提供する教育機関であった。受講生は年配の人が多く、教育手法も伝統的なものとは異なっていた。オープン大学には10年在職したのち、彼女は有名なプリンストン大学客員教授となった。最後は、2001年にバース大学天文学部の教授となり、理学部長などを兼任したのち在籍3年で退職となった。

彼女が色々な大学を渡り歩いていた間も、彼女が見つけた「ゴミ」電波源の発見という業績は忘れられてはいなかった。ジョスリンとヒューイッシュは1973年にパルサーの発見という業績でマイケルソンメダルを授けられた。この天体に付けられたパルサーという名前は適切なもので、実は1968年に新聞記者たちがケンブリッジに押し寄せたときにデイリー・テレグラフの記者が命名したのであった。1974年にはヒューイッシュがただ一人、パルサーの発見という業績でノーベル物理学賞を得た。このときは、マーティン・ライルも電波の開口合成法の開発ということで同時に受賞した。観測天文学の分野では初めてのことである。パルサーの発見ということの栄誉がヒューイッシュ一人に帰されたことに驚いた人は何人もいた。頭に来たフレッド・ホイルが最初に口火を切った。かわいそうな女子学生に対して何か陰謀がなされたのではないかとも口にした。ジョスリンはすぐにそんなことはないと打ち消した。彼女はそれでよかったのである。しかし、騒動はおさまらなかった。フレッド・ホイルはこのスキャンダルを言い続けた。彼の抗議は執拗であって、ケンブリッジ大学を辞職したこともこれと無関係ではなかろうといわれている。マーガレット・バービッジがグリニッジ天文台長の職を辞して女性科学者が働きやすいアメリカに帰ったことも、ジョスリンと連帯するという意味もあったであろう。パルサーの理論的な理解に寄与したトーマス・ゴールドもジョスリンを支援した。

最終的にはジョスリンに対して多くの章が授けられた。1978年にはロバート・オッペンハイマー記念賞とレニー・テイラー賞、1987年にはベアトリス・ティンズリー賞、1989年にはハーシェルメダル、1995年にはジャンスキー賞、2015年には王立協会のロイヤル・メダル、2018年にはフランス科学アカデミーの大メダル、および同年に基礎物理学ブレークスルー賞特別賞が授与された。彼女はまた、1999年に大英帝国勲章のコマンダーを、2007年にデイムコマンダーを受章した。そして、ニュートンやダーウィンと同様に、彼女は2003年に王立協会のフェローに選出された。また、2002年から2004年まで王立天文学会の会長にもなった。2008年から2010年までは物理学研究所（IOP）所長、2014年から2018年まではエジンバラ王立天文学会会長を務めた。

ヒューイッシュの言うところでは、「ジョスリンは学生ならば誰でもできることをやったに過ぎないし、私の指示通りにしただけである」。これは部分的には正しいであろう。確かに彼の指示でジョスリンはアンテナを作った。そして、クェーサーを調べるのがその仕事であった。パルサーを発見したことは、彼が与えた仕事の範囲外の発見である。さらに言うと、最初のパルサーの発見の後、彼女は上司の判断を仰がずに独自にパルサー探査を続けたのである。ヒューイッシュは、遅かれ早かれパルサーの発見は彼のチームによってなされたであろうとも言っている。彼のアンテナは、パルサーの発見の後にパルサーの研究向きに改良された。ジョスリンの注意深い観察と、この奇妙な天体を追い求める粘り強さがなかったなら、パルサー発見はもっと遅くになったであろう。ノーベル賞受賞者ヒューイッシュが何と言おうとも、パルサーを発見したのは、他の誰でもなくジョスリンその人である。

結び

よく知られてはいないけれども、女性天文学者はこれまでもいたし、現在も活躍している。彼女たちの功績は無視できるものではない。彼女たちの父親、兄弟そして夫らの背後に置かれざるを得ない状況が続いてきたために、彼女たちの働きの大きかったことが忘れられ、ひどいときにはその名前さえもが忘れられてきたのが、これまでの歴史である。しかし、女性たちは徐々にではあるが、このような軛《くびき》から自由になって、「知識」への道を進むようになってきたのである。その進む道には数多くの妨げはあったものの、辛抱強く耐えて、ついには現在科学においては無視できない重要な結果が彼女たちによって得られたのである。

本書のページを飾るヒロインたちは、現在の天文学にも強い影響力をもつ発見を成し遂げた女性たちを取り上げたものである。ハーシェルとシューメーカーの二人のキャロラインは、彗星を多数発見した。この彗星は現在ますます盛んに研究が進められている。我々人類を含む生命の起源を解く鍵が見つかる可能性があるからである。ピッカリングのハーレムや、B^2FHで得られた成果は、天文学者が研究してきた様々な恒星についての考え方をまとめあげ、統一的な物理学的描像を描くことに成功したのである。「リービットの法則」は、現在でも宇宙の距離を測る基礎となっている。ジョスリンの「灯台」は、宇宙で起こる巨大な爆発現象を詳しく研究する「実験室」のある場所を示してくれているのである。そして、ベラの「些細な疑問」が、人類のもつ宇宙全体の描像に大革命を起こしたのである。

現在女性の地位は改善されつつあるとは言うものの、まだまだである。保守的な先入観と戦っている人もいるし、職を得るためには男性の何倍もの優秀さを示さないといけない状況である。今でもまだ、自分のキャリアを犠牲にして男性を助ける仕事をしている女性もいる。このような献身的なことに対しては、得てして見返りがないのが常である。まだまだ女性の地位が向上したとは言い切れない。だからと言って、希望を捨てる必要もないし、そうすべきでもない。

見上げた夜空に一筋の星が流れ去っていったとしよう。このとき、過去の忘れ去られた人々のことを想うと、祈りと希望が湧いてくるように思うのは私だけであろうか。

特別章

日本の女性と天文学

本書では、天文学上の発見のいくつかを詳細に言及しながら、世界中の女性天文学者たちのことを述べている。それぞれの国にはそれぞれ固有の背景があり、このことを考慮して日本の状況を検討してみることにする。残念ながら、過度に楽観すべきではないという事実がある。以下でそのことを見ていこう。

2018年から2019年にかけて、男子生徒と女子生徒の割合は、小学校または中学校と大学でほぼ同じであった。しかし、日本では博士号をもつ女性は男性の2分の1である。さらに、大学の女性教師は全体の4分の1である。そして、研究者のうち女性研究者は、わずか16%である。これは経済協力開発機構（OECD）諸国の中で最も低い率である（アメリカでは34%、フランスでは27%、スペインでは40%）。2003年の女性の割合は、研究分野では11%、大学教育分野では13%であった（原注1）。

天文学の状況はどうであろうか。西洋から日本に伝えられた遠眼鏡の使われている様子を示す18世紀の版画には興味深い特徴がある。ヨーロッパでは、これらの道具が使えたのは男性に限られていた時代である。日本では、少なくとも版画の中で女性が望遠鏡を使用しているのが描かれている。ただし、現在の日本天文学会（ASJ）の約3000人の会員のうち、女性の割合は13%に過ぎない（アマチュア天文学者を除いて、学会の正会員のみに限定しても、割合は変わらない）。残念ながら、この割合は非常にゆっくりとしか変化していない。さらに、IAU（国際天文学連合）の

（原注1）もちろん、これらの数値はすべての分野に当てはまることではあって、分野間には大きな格差がある。工学などは、世界の他の国と同様に、女性の進出が増えていない分野である。

図 8-1 「風流無くてななくせ[遠眼鏡]」
(葛飾北斎、1798 年、神戸市立博物館所蔵)
Photo：Kobe City Museum/DNPartcom

図 8-2 「浮世美人寄花 ミなみ山さきや内元浦八重桜」
(鈴木春信、1768-1769、たばこと塩の博物館所蔵)

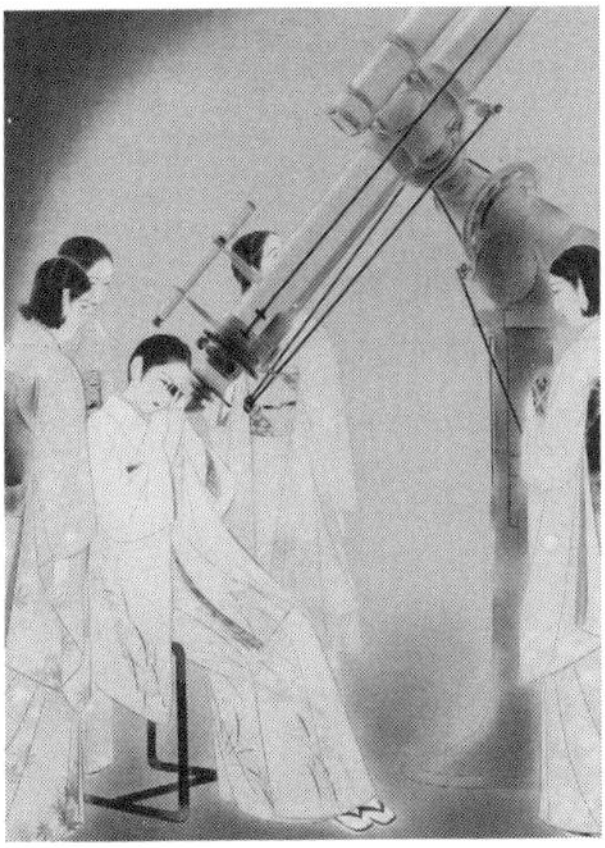

図 8-3 「星をみる女性」
(太田聴雨、1936 年、東京国立近代美術館所蔵)
Photo：MOMAT/DNPartcom

図 8-4 「墨水八景　綾瀬乃夕照」
(一筆斎文調、1772 年頃、大英博物館所蔵)

メンバーである日本の天文学者を見ると、長期的な地位にある天文学者だけが含まれており、女性の割合はわずか８％である。ＯＥＣＤ諸国の中で最も低いだけでなく、メンバー数が多い国の中でも最も低い。

状況をよりよく分析するために、日本天文学会の男女共同参画委員会によって二つの調査が行われた。彼らはまず、天文学者になりたい若者が受けているサポートについて検討した。現在、学生が天文学の修士課程に進学を希望したとき、女子の10％（20年前は19％）が家族の反対を受けているのに対して、男子は３％だけである。博士課程進学については、男子の７％に対して女子は13％が、家族の支援を受けることができなかった。子どもの決定を支持する家族は、それが女子であるときはいつも10％程度少なくなる。子どもが天文学を専攻したとしても、特に最初は何らかのハラスメントを受ける可能性が残っている。これは、女性の44％と男性の26％に当てはまるのが実情である。残念ながら、この数字は20年以上変わらないが、問題が発生した場合に備えて、ハラスメントに対する法規制を行ったり、相談室を利用できるように広く案内されてはいる。最後に、キャリアと家庭生活の両立も大きな落とし穴となる。結婚または出産・育児が女性の75％のキャリアに影響を与えている（ただし、男性は50％のみ）。男性の同僚と比較して、天文学のキャリアを継続する女性が20％も少ないのも不思議ではない。一方、日本の在外研究者の約60％が女性であり、歓迎されている。これは、国家にとって頭脳の純損失をもたらすものではないだろうか。

このどちらかと言えば悲観的な結果では、奇妙なことが認められる。若い人は男女にかかわらず、女性は性別によって有利だと考えている節がある。もちろん、積極的な男女均等雇用基準の採用などが近年いくつかの大学・研究機関で導入されている（女性が最初の選考段階を通過した場合、女性であることが優先事項になることがある）。ただし、2010年4月から2019年8月までに天文学会に流された全公募のうち、女性限定公募は4％のみである（原注2）。要するに、女性の利点は実際にはほとんど存在しない。が、不利となる点は存在する。女性は科学には不向きであるという頑固な偏見から来ているものである。日本でも他国と同様に対処策がとられてきた。ただその策は、社会的サポートということに主眼が置かれている。子育てのサポート（例えば、より多くの保育園設置）、キャリアの選択における男女同列のサポートなどである。この方向への進展はすでに実行されている。例えば、2010年に文部科学省は旧姓の使用を承認した。これは無駄を省くという効果がある。研究では、出版物、プレゼンテーション、その他の科学的活動（言い換えると女性の研究業績書）の正確な業績数を示すのに、キャリアを通じて常に同じ名前を維持することが特に重要である。結婚して姓が変わると「自然に」競争力が低下するのである。しかし、まだいくつかの問題がある。例えば、日本では衣服の問題が依然としてある。くすんだ服装の女性、最新ファッションに身を包んだ女性がそれぞれ職を得たときにあれこれ言われることがあるそうである。研究の質は、ハイヒール、メガネ、スニーカーなどとは関係がないはずである。なぜなら、脳は服を着

（原注2）九州大学の調査によると、これらの職を得た女性は、男性の同僚より30％生産性が高いという結果が出ている。

ていないからである。

まだ平等には程遠い状況であるが、状況は明らかに改善しており、成果は散見されるようになってきた。次に紹介する日本の女性天文学者の活躍はその実例である。

•小山ひさ子（1916〜1997）

流れ星の美しさに魅せられて、小山ひさ子は幼少期から天文学の本を読み始めた。彼女は1940年代には夜空を観察し始め、小さな望遠鏡を手作りしたこともあるほど熱心であった。空襲や停電の間、彼女は自宅の庭で、星野図を使用して、新しい星々を見つけることに勤しんだ。彼女は1944年に父親から提供された望遠鏡で太陽を観測することを始めた。彼女の描いた太陽黒点のスケッチを東亜天文学会（AAO）の太陽課長に送ったところ、引きつづき観測を行うように

図8-5　博物館の望遠鏡で観測中の小山ひさ子。

と激励を受けたこともあった。戦争未亡人となった彼女は、１９４６年に東京国立科学博物館に職を得た。ここは博物館ではあるが、もっと重要なことは、定期的に（通常、１日２時間、１年に１５０日）太陽観察を実施していたことである。１９９６年まで（１９８１年に引退した後も）、彼女は太陽観測を続けた。その結果、８０００以上の黒点グループを見つけて分類し、１万枚以上の正確なスケッチ図面を作成することができた。中でも、太陽活動の極端なイベントの記録が有名である（１９４７年４月５日の20世紀最大の黒点、１９６０年11月15日の白色光フレア爆発）。この貴重な成果は、継続的に一人でなされているため一貫性が高く、国際的に評価が高い。最近４世紀分の太陽観測の最近の見直し研究において、数人の観測者が基幹観測者が選ばれ、他のデータはそれらの基準に対して調整されるということが行われた。彼女の観測はその基幹観測の一部として利用された。彼女は20世紀の観測の基準としての役割を果たしたのである。報酬として、１９８６年に彼女はＡＡＯ研究奨励賞を受賞し、小惑星３３８３には彼女の名前が冠せられるという栄誉を受けた。

● 林 左絵子（１９５８〜）

アポロ11号の月面着陸に触発され、林左絵子は多くのＳＦを読み、高校、さらに大学で科学を専攻することを選択した。彼女の両親はその頃の多くの親がそうであったように、高等教育が結婚の可能性を台無しにするのではないかと恐れていた。しかし、彼女は意志が固く幸運にも恵まれた。会社員の父親の転勤により家族が引っ越すことになったときは、転校せず高校を卒業するために留まった。一人で、監督されていないので、こっそり東京大学を受験し、入学することができたのである。１９８７年に、東京大学大学院で天文学の博士号を取得した。彼女は日本で仕事を見つけることができなかったので、ハワイに移り、新しい望遠鏡をもつ天文台に勤務した。ハワイ島の高山マウナケアは、数々の大きな望遠鏡を備えた現代の観測天文学の中心地の一つである。１９９０年から、彼女はすばる望遠鏡の建設チームに加わるため、日本に戻る。その後、１９９８年にマウナ

図 8-6　すばる望遠鏡模型と林左絵子。

ケアに新しく設置されたすばる望遠鏡のために再度ハワイへ、今回は家族同伴である。２０１７年からは、すばる望遠鏡の次世代の超大型望遠鏡であるＴＭＴプロジェクト（30メートル望遠鏡）に移った。彼女の科学的研究の関心は、星間雲内部で誕生する恒星・惑星の様子にある。これは、初期のメンターである鈴木博子（星間物質の化学反応の専門家で１９８７年に亡くなった）が世界をリードした先駆的な研究にもつながるものであった。

●加藤万里子（１９５３〜）

小さい頃から理科や算数が得意で、読書が大好きな子どもだった。親の希望に従ってピアノの先生になるべく毎日何時間もピアノの練習をしたが、

図 8-7　加藤万里子。リビングが研究室。

高校3年のとき、女の子なのに物理なんてと嘆く両親を説得して、大学の物理学科へ進学した。1978年に立教大学で修士号、1981年に博士号を取得し、男性にとっても就職難が非常に厳しい中で、慶應義塾大学の初の天文学者として就職した。当時はめずらしい旧姓使用、別居結婚、4歳の娘をつれて2年間の単身米国出張、セクハラ被害や教授昇格申請拒否などをのりこえ、慶応大学に33年間在職して名誉教授となり、現在は自宅で数値計算をしたり共同研究者の夫と論文を執筆している。

加藤氏は国際的に認められた新星の理論家である。新星は連星系（二つの星のペア）で起こる現象で、白色矮星という小さくて重い星が、相手の星からガスをうけとり、突然非常に明るく輝く現象である。新星が爆発してから暗くなる様子を、独自の数値計算方法を用いて初めて理論的に解明することに成功し、新星やIa型超新星の理論研究に飛躍的な発展をもたらした。日本天文学会林忠四郎賞2003年度受賞。また日本天文学会の開催時に一時保育室を実施し、その方式を理工系の学会にひろめた。女性天文学者のかかえる問題のアンケート調査では別姓や別居、セクハラ被害などの問題を明らかにし、日本学術会議の活動を通じて政府に別姓使用や子育て中の女性研究者への援助などにもつなげた。著書の天文学の教科書には点字版もある。

●馬場彩（1975〜）

カール・セーガンのテレビシリーズ「コスモス」に触発されて、私たち人類の起源を理解したいという思いから、馬場彩は科学分野でのキャリアに乗り出した。彼女は2001年に修士号を取得した後、2004年に京都大学（現在は東京大学准教授）で博士号を取得している。その専門は、高エネルギー天体現象であって、超新星と呼ばれる巨大な爆発の残余物によって放出されたX線を分析し、そこで働いている物理的プロセスを理解しようとした。例えば宇宙線の加速の機構を研究している。しかし同時に、男女平等の問題についても努力を惜しんでいない。このテーマに関する日本でのシンポジウムの共催者である彼女は、2019年に加藤万里子の調査を再実行した。

図8-8　馬場彩。

2011年の日本天文学会で「日本天文学会研究奨励賞」を受賞し、人々に注目されるようになった。

謝辞——原著者は、この章の作成に多大なご協力をいただいたA. Bamba, R. Mary, M. TsujimotoとK. Usuda-Satoに感謝する。

謝辞

本書の出版にあたって多くの方々に感謝したい。多くの方から、それぞれの専門分野に照らして正確な情報・教示・指導を与えていただいた。これらの人々の協力なしには本書は日の目を見なかったであろう。特にお世話になった方を列挙すると、次のようになる。

科学の歴史についての知見と教示を与えてくれたモーリス・ガブリエルとミシェル・ブガール、ヒュパティアのことについてはミシェル・ディーキン、学術誌『*The Woman astronomer*（女性天文学者）』編集長デブラ・デービス、ブラーエの専門家ジョン・ロバート・クリスティアンソン、宇宙論学者でＷＭＡＰデータの解析結果を提供してくれたブライアン・フィールズ、暗黒物質の章について注意深く校正してもらったジャン＝フランソワ・クレスケン、元素組成の専門家で核融合の節を再読してくれたニコラス・グルベス、傑出した人物であるヘンリエッタ・リービットへの関心を共有してくれたパパグリオス・パパコスタ、探査機「ジオット」の説明に時間を割いてくれたニーノ・クッチアロ、脈動星についての数多の質問に答えてくれた星振学者リシャール・スカフレール、凍った天体への関心を掻き立ててくれた彗星の専門家クロード・アルピニー、そして注意深く本書全体を熟読して正確なコメントを頂いたジャン＝ピエール・スイングとフランシス・ミシェルといった方々である。

もしいくつかの誤りがあったとしても、それはすべて著者の責任であることは言うまでもない。
最後に、著者を幼少期から導いてくれた母、秘書のように尽くしてくれた父に感謝したい。両親にはいくら感謝しても足りないくらいである。

ヤエル・ナゼ

女を価値あるものするのは我々（男性）である。だから女には何の価値もない。

――ミラボー

女によって光がもたらされる。

――ルイ・アラゴン

女がへまをしでかすことは、一番女らしくないことである。

――フリードリヒ・ニーチェ

この「ガラスの天井」は、おそらくは現在でも続いている。確かに、日本では男女雇用機会均等法が施行されて30年以上経過しているが、それでも現実的には「ガラスの天井」はなくなってはいない。実際、この文を書いているときでさえ、大学医学部入学試験において女性に対して不利な合否判定をしていたことが明らかにされている。直接的に言い表されることはないとしても、いまだ広く「ガラスの天井」は存在している。

理系の分野においては、これに加えて専門研究職の道に進みたい若人にとっては、ポストの少なさが更なる障壁として加わる。実際、訳者の所属した宇宙物理学教室・天文台の大学院に入学する女性は何年間に一人という状況であった。最近は、毎年何人かは女性がその大学院に入るようにはなってきて、状況は改善されてはいる。ところが、ポストの少なさのために、天文学の研究職に就くことができた女性は極めて少数である。振り返って考えてみると、この専門研究職のポストの少なさは、男女いずれもが被ってきた障壁である。男性大学院生にとっても定職がないポストドクター問題が以前よりあったし、現在も続いている。

この点については、本書で紹介されている女性天文学者が熱意をもって理性的に戦ってきた道、開拓してきた生涯の送り方が、男女いずれもの若人にとってはよき標にもなるし、励みにもなる。この意味で研究者の道を希望する若い人々が是非読んで頂きたいという希望があって、本書を訳出・出版したものである。特に、進路を考え始める高校生から、大学生ひいては大学院生にとって、先達たちの振る舞いが参考になるようにと願っている。

なお、本書には現代天文学の最先端のテーマの解説が所々に散りばめられている。数式を用いることなく、豊富な図で極めてわかりやすい記事である。このことは、宇宙について関心をもつ人々にとっては、もう一つの魅力となると考えている。

訳者　北井　礼三郎

本書で見逃してはならないのは、学問研究が大学や研究所に独占され、専門の細分化が進んでいった19世紀後半以降においてもなお、女性天文学者の多くが紆余曲折を経て天文学の研究にたどり着き、大きな功績を残したことである。

とりわけ訳者の印象に残ったのは、大学で文系分野（歴史と政治学）を専攻し、専業主婦となって子育てを終えた40代から本格的にキャリアに身を投じたキャロライン・シューメーカー（第2章）と、ハーバード天文台長エドワード・チャールズ・ピッカリングのメイドから出発して、ピッカリングの「ハーレム」の一員となり、HDカタログの作成に大きな功績を残したウイリアミナ・パトン・フレミング（第4章）である。シューメーカーは天文学者の夫、フレミングはピッカリングという男性に見出されて初めて才能を発揮できたともいえるが、才能と幸運な出会いと努力がうまく噛み合いさえすれば、年齢や経歴のハンディキャップだって跳ね返すことができるという希望を私たちに与えてくれるのである。

天文学に限らず、多くの専門分野において、研究者としてのキャリア形成に長い時間が必要であり、多くの困難を伴うが、途中で寄り道をしても決して無駄にはならない。そんな風に思って気長に研究にコミットすることも大切なのではないかと考えさせられる、貴重な著作である。

訳者　頼　順子

事項索引

人名索引

[ナ行]

[ハ行]

[マ行]

[ヤ行]

[ラ行]

参考文献

単行本

COLLECTIF, *Encyclopedia of astronomy and astrophysics* », 2001, Nature Publishing Group.

COLLECTIF, *The biographical Encyclopedia of astronomers*, Springer.

COLLECTIF, *The century of space science*, 2001, Kluwer Academic Publishing.

COLLECTIF, *The dictionary of miror planet names*, 6th edition, 2012, Springer.

HARAMUNDANIS Katherine (éd.), *Cecilia Payne-Gaposchkin, an autobiography and other recollections*, 1984, Cambridge University Press.

HOSKIN Michael, *The Herschel Partnership, as viewed by Caroline*, 2003, Science History Publications.

KELLERMANN K.L. et SHEETS B. (dirs), *Serendipitous discoveries in radio astronomy*, 1983, NRAO (proceedings of a workshop honouring the 50th anniversary announcing the discovery of cosmic radio waves).

ZABAN JONES Bessie, GRIFFORD BOYD Lyle*, The Harvard College Observatory : the first four directorships 1839-1919*, 1971, Belknap press of Harvard University Press (Cambridge, Mass.).

学術論文・記事

« Annie Jump Cannon », http://www.wellesley.edu/Astronomy/annie/history.html

« By the light of the stars » http://www.buhlplanetarium.org/women/lightofstars.html

« En-Hedu-Ana Research pages » http://www.angelfire.com/mi/enheduanna

« *Quelques infos sur les comètes* » http://www.lisa.univ-paris12.fr/GPCOS/Hc/H21.html

« She Figures 2018 », Commission européenne, https://ec.europa.eu/info/publications/she-figures-2018_en

« The contributions of women to the United States Naval Observatory : the early years », http://maia.usno.navy.mil/wome_history/history.html

Women and Men in Japan 2019, http://www.gender.go.jp/english_contents/pr_act/pub/pamphlet/women-and-men19/index.html

ALDRICH KIDWELL Peggy, « Women astronomers in Britain, 1780-1930 », 1984, *ISIS,* 75, 534.

ALLEN N.J., « The Cepheid distance scale : a history », http://www.institute-of-brilliant-failures.com

ARPIGNY Claude, « Propriétés physiques et chimiques des comètes : modèles et problèmes pendants », 1983, *Atti del convegno : le comete nell'astronomia moderna*, Università degli Studi di Napoli, 21

ARPIGNY Claude, « 1. Contributions of space research to cometary science », *Space Scientific Research in Belgium 1994-2000*, *Space Sciences*, vol. 2, part. 1, 257.

ARPIGNY Claude, « Four outstanding comets », *Space Scientific Research in Belgium 1994-2000*, *Space Sciences*, vol. 2, part. 2, 131.

BELL-BURNELL S.J., « Little Green Men, white dwarfs or pulsars », 1979, *Cosmic Search*, vol. 1 #1.

BLACKBURN R.M., RACKO G., JARMAN J., « Gender Inequality at work in industrial countries » *Cambridge studies in social research* N° 11, 2009.

BOK Priscilla F., « Annie Jump Cannon », 1941, *Publications of the Astronomical Society of the Pacific*, vol. 53, 168.

BOND Gordon, « Carolyn Shoemaker talks about her life, SL-9 and Gene », 1999, *Typographica Publishing*.

BURBIDGE E. Margaret, « Watcher of the skies », 1994, *Annual Review of Astronomy and Astrophysics*, vol. 32, 1.

BURBIDGE E. Margaret, BURBIDGE Geoffrey, FOWLER William A., HOYLE Fred, « Synthesis of the elements in stars », 1957, *Review of Modern Physics*, vol. 29, 547.

BURBIDGE Geoffrey, « Noncosmological redshits », 2001, *Publications of the Astronomical Society of the Pacific*, vol. 113, 899.

BUSS MITCHELL Helen, « Henrietta Swan Leavitt and Cepheid Variables », 1976, *The Physics Teacher*, vol. 14 (mars 1976), 162.

CHAPMAN Mary G., « Carolyn Shoemaker », 2002, USGS (http://astrogeology.usgs.gov/About/People/CarolynShoemaker/).

CHRISTIANSON John Robert, « Tycho and Sophie Brahe : gender and science in the late sixteenth century », 2002, *Tycho Brahe and Prague : Crossroads of European Science*, 30.

CORBALLY C.J., « The MK process in action today », 1994, *The MK Process at 50 years, ASP Conference Series*, vol. 60, 237.

CYBURT Richard H., FIELDS Brian D., OLIVE Keith A., « Primordial Nucleosynthesis in Light of WMAP», 2003, *Physics Letters* B 567,227 (astro-ph/0302431).

DAVIS L. Debra, « Hypatia of Alexandria, a woman before her time », 1997, *The Woman Astronomer*, été 1997, 4.

DE VORKIN D. & BURBIDGE M., « Oral History transcript – Margaret Burbidge », 1978, http://www.aip.org/history/ohilist/25487.html.

DEAKIN Michael A.B., « The primary sources for the life and work of Hypatia of Alexandria », 1995, *History of Mathematics Paper* 63 (http://www.polyamory.org/~howard/Hypatia/primary-sources.html).

DEVORKIN David H., KENAT Ralph, « Quantum Physics and the stars (I) : the establishment of a stellar temperature scale », 1983, *Journal for the History of Astronomy*, vol. xiv, 102.

DEVORKIN David H., KENAT Ralph, « Quantum Physics and the stars (II) : Henry Norris Russell and the abundances of the elements in the atmospheres of the sun and stars », 1983, *Journal for the History of Astronomy*, vol. xiv, 180.

DI PIETRO E., « Le rayonnement de fond cosmologique : de Gamow à Planck », 2001, *Bulletin de la Société Royale des Sciences de Liège*, 701, p. 61.

DOBSON Andrea K., BRACHER Katherine, « A historical introduction to women in astronomy », *Mercury*, janvier-février 1992, 4.

FERNIE J.D., « The period-luminosity relation : a historical review », 1969, *Publications of the Astronomical Society of the Pacific*, vol. 81, 707.

FESTOU Michel C., RICKMAN Hans, WEST Richard M., « Comets », 1993, *Astronomy and Astrophysics Review*, vol. 4, 363 et 5, 37.

FISCHER Penny, « Carolyn Shoemaker, the comet hunter », 2000, *The Woman Astronomer*, hiver 2000, 4.

GEWIN Virginia, « Baby blues », 2005, *Naturejobs*, vol. 433, 780.

GLASSNER Jean-Jacques, « La princesse Enheduana », 2008, *Pour la Science*, 370, 42.

GREENSTEIN George, « Neutrons stars and the discovery of pulsars », 1985, *Mercury*, mars-avril 1985, 34 (partie I) et mai-juin 1985, 66 (partie II).

HAMILTON Gina, « Innovators or interpreters ? The historic role of women in science », 2000, arXiv : physics/0001026.

H.H.T., « Report of the council to the ninety-second annual general meeting », 1912, *Monthly Notices of the Royal Astronomical Society*, vol. 72, 261.

HEWISH Anthony, « The pulsar Era », 1986, *Quaterly Journal of the Royal Astronomical Society*, vol. 27, 548.

HOFFLEIT Dorrit, « Reminiscences on Antonia Maury and the c-characteristic », 1994, *The MK Process at 50 years, ASP Conference Series*, vol. 60, 215.

HOFFLEIT E. Dorris, « Pioneering women in the spectral classification of stars », 2002, *Physics in Perspective*, vol. 4, 370.

IRION Robert, « The bright face behind the dark sides of galaxies », 2002, *Science*, vol. 295, 960.

JAMINON M. & NAZÉ Y., « Femmes, sciences et techniques, un débat de longue haleine », *Qualitique*, 245, 32-38, Septembre 2013.

JUMP CANNON Annie, « Williamina Paton Fleming », 1911, *Astrophysical Journal*, vol. 34, 314.

KIDWELL Peggy Aldrich, « Three women of American Astronomy », 1990, *American Scientist*, vol. 78, 244.

LA COTARDIÉRE Philippe de, « La gloire confisquée d'Henrietta Leavitt », 1997, *Ciel & Espace*, fé vier 1997, 68.

LAING Jennifer, « Comet hunter », 2001, *Universe Today*, (http://www.universetoday.com/html/articles/2001-1211a.html).

LANGER N., Pols O.R., « Nucleosynthesis », 2004, *Lecture notes*, Utrecht University (http://www.astro.uu.nl/~pols/education/nucl2004.html).

LANKFORD John, SLAVINGS Rickey L., « Gender and science : women in American astronomy, 1859-1940 », 1990, *Physics Today*, mars 1990, 58.

MACK Pamela E., « Strategies and compromises : women in astronomy at Harvard College Observatory 1870-1920 », 1990, *Journal for the History of Astronomy,* vol. xxi, 65.

MCCARTHY M.F. S.J., « Angelo Secchi and the discovery of carbon stars », 1994, *The MK Process at 50 years*, ASP Conference Series, vol. 60, 224.

Meeting of the Royal Astronomical Society, 1997, *The Observatory*, vol.117, 129.

MERRILL Paul W., « Obituary notice : Annie Jump Cannon », 1942, *Monthly Notices of the Royal Astronomical Society*, vol. 102, 74.

NAZÉ Yaël, « Vibrato ma non troppo », 2005, *L'astronomie*, vol. 119 (avril 2005), 141.

OGILVIE Marilyn B., « Caroline Herschel's contributions to astronomy », 1975, *Annals of Science*, vol. 32, 149.

OSTERBROCK Donald E., « Fifty years ago : astronomy, Yerkes observatory, Morgan, Keenan and Kellman », 1994, *The MK Process at 50 years*, ASP Conference Series, vol. 60, 199.

PAPACOSTA Pangratios, « Nobel prize for a 'computer' named Henrietta Leavitt (1868-1921) », 2005, *Status, a report on women in astronomy*, janvier 2005, 1.

PRANTZOS Nicolas, « L'alchimie des étoiles », 2001, *Pour la Science*, janvier 2001, 48.

REES Martin J., « Dark Matter : Introduction », 2003, *Philosophical Transansactions of the Royal Society of London*, vol. 361, 2427 (astro-ph/0402045).

RIZZO P.V., « Early daughters of Urania », 1954, *Sky and Telescope*, novembre 1954, 7.

ROSSITER Margaret W., « Women's work in Science, 1880-1910 », 1980, *ISIS*, vol. 71, 381.

RUBIN Vera C., « What George Gamow did not know about the Universe », 1997, George Gamow Symposium ; *ASP Conference Series*, vol. 129, 95.

RUBIN Vera, « Dark matter in the Universe », 1998, *Scientific American* Presents (numéro special : Magnificent Cosmos) vol. 9, N° 1, 106.

RUSH Carmen, « Women in astronomy I-IV », 2001, *AstroNotes*, marsavril-mai 2001 (http://ottawa.rasc.ca/observers/2001/an0103p5.html).

SHEN H., « Mind the gender gap » *Nature*, vol. 495, p. 22 (2013).

SHOEMAKER Carolyn S., « Ups and downs in planetary science », 1999, *Annual Review of Earth and Planetary Science*, vol. 27, 1.

SMITH Horace A., « Solon Bailey and the period-luminosity relation », 1997, *Journal of the American Association of Variable Stars Observers*, vol. 26, 62.

STEPHENS Sally, « Vera Rubin : an unconventional career », 1992, *Mercury*, janvier-février 1992, 38.

THOMPSON Katrina, « Vera Rubin's dark Universe », (http://webs.wichita.edu/lapo/vr.html).

VAN DEN BERGH Sidney, « The early history of Dark Matter », 1999, *Publications of the Astronomical Society of the Pacific*, vol. 111, 657 (astro-ph/ 9904251).

WADE Nicholas, « Discovery of pulsars : a graduate student's story », 1975, *Science*, vol. 189, 358.

WEITZENHOFFER Kenneth, « The education of Mary Somerville », 1987, *Sky and Telescope*, février 1987, 138.

WELTHER Barbara, « Annie Jump Cannon : classifier of the stars », 1984, *Mercury,* janvier-février 1984, 28.

WENNERAS C. & WOLD A., « Nepotism and sexism in peer-review » *Nature*, vol. 387, p. 341 (1997).

WHITNEY Charles A., « Cecilia Payne-Gaposchkin : an astronomer's astronomer », 1980, *Sky and Telescope*, vol. 59, mars 1980, 212.

WILLIAMS W.M. & CECI S.J., « When scientists choose motherhood », *American Scientist* (2012).

ZIMMERMANN Laurent, JORISSEN Alain, « La matière sombre », 1998, *Cours public d'astronomie* (ULB).

特別章 日本の女性と天文学　参考文献

Anonyme, Women and Men in Japan 2019, http://www.gender.go.jp/english_contents/pr_act/pub/pamphlet/women-and-men19/index.html

Anonyme, 2009, She's an astronomer—Saeko Hayashi, https://www.sheisanastronomer.org/profiles/northamerica/saeko-hayashi

BAMBA A. et al., 2020, Gender equality activities in Astronomical Society of Japan, proc.of IAU symposium 358, in press.

HAYAKAWA H. et al., 2020, Sunspot observations by Hisako Koyama: 1945-1996, *Monthly Notices of the Royal Astronomical Society*, Volume 492 #3, p 4513.

KNIPP D. et al., 2017, Ms. Hisako Koyama: From amateur astronomer to long-term solar observer, *Space Weather*, vol 15, p 1215, https://doi.org/10.1002/2017SW001704

LIEFF BENDERLY B., 2014, What's driving women scientists out of Japan?, *Science*, https://www.science.org/content/article/whats-driving-women-scientists-out-japan

MOTIZUKI Yuko, 2019, (Keynote talk) "Women in Astronomy: A view from a gender-imbalanced country", IAU Symposium 358: "Astronomy for Equity, Diversity and Inclusion — a roadmap to action within the framework of IAU centennial anniversary", Tokyo, Nov. 12-15, 2019. https://ribf.riken.jp/ag/assets/files/gender_IAUS358_motizuki.pdf

ITAKURA K., 2019, Hayashi Saeko: Three Decades Pushing the Limits of Astronomical Observation with the Subaru Telescope, https://www.nippon.com/ja/people/e00169

NORMILE D., 2006, Getting Women Scientists Back on the Career Track in Japan, *Science*, https://www.science.org/doi/10.1126/science.311.5765.1235

有用なウェブサイト

太平洋天文学会 女性天文学者リソースガイド
https://astrosociety.org/education-outreach/resource-guides/women-in-astronomy-an-introductory-resource-guide.html

カリフォルニア大学ロサンゼルス校 近代女性天文学者伝記
http://cwp.library.ucla.edu/

女性天文学者伝記
http://www.astr.ua.edu/4000WS/

アニー・ジャンプ・キャノン伝記
http://www.physics.sfsu.edu/~gmarcy/cswa/history/ajc.html

ブルースメダル受賞者
http://www.phys-astro.sonoma.edu/BruceMedalists

欧州宇宙機関（ESA）
https://www.esa.int/

アメリカ航空宇宙局（NASA）
https://www.nasa.gov

ヤエル・ナゼ（Yaël Nazé）

理学博士（天体物理学）。リエージュ大学理学部准教授。
宇宙に関する一般書を多数出版している。

Couleurs de l'Univers, Belin, 2005 (prix de la Haute Maurienne et prix de Vulgarisation du Hainaut).
L'astronomie au féminin, 1ère édition, Vuibert, 2006 (Plume d'Or 2006 et le prix Verdickt-Rijdams 2007).
Histoire du télescope, Vuibert, 2009.
Cahier d'exploration du ciel I, Réjouisciences, 2009.
Cahier d'exploration du ciel II, Réjouisciences, 2012.
(G)astronomie – la cuisine du cosmos, Réjouisciences, 2012.
Voyager dans l'espace, CNRS éditions, 2013.
A la recherche d'autres mondes – les exoplanètes, Académie Royale de Belgique, 2013.
Art & Astronomy, Omniscience, 2015.
Astronomies du passé, réédition augmentée en 2018, Belin (prix Jean Rostand).
Initiation à l'esprit critique, Réjouisciences, 2019.
Astronomie étrange, Belin, 2020.

北井 礼三郎（きたい・れいざぶろう）

1948年生まれ。1970年京都大学理学部卒業。1983年理学博士（京都大学大学院理学研究科）。専門は太陽物理学。2013年京都大学理学研究科附属天文台を定年退職。現在、認定NPO法人花山星空ネットワーク監事、立命館大学非常勤講師。著書に、日本天文学会編『現代の天文学10 太陽』（日本評論社、2009年、共著）、『太陽活動1992-2003 ／ Solar Activity in 1992-2003』（京都大学学術出版会、2011年、共著）。訳書に『太陽活動と気候変動──フランス天文学黎明期からの成果に基づいて』（恒星社厚生閣、2019年）がある。平成25年度文部科学大臣表彰科学技術賞理解増進部門受賞。

頼 順子（らい・じゅんこ）

1971年生まれ。1994年広島大学文学部卒業。2010年博士（文学）（大阪大学大学院文学研究科）。専門はフランス中近世史。現在、佛教大学、京都女子大学等非常勤講師。論文に「なぜ狩猟術の写本を所持するのか──中世後期～近世初頭フランスの三つの「私の」狩猟書」（『待兼山論叢』52号史学篇、2018年、単著）、訳書に『幻想のジャンヌ・ダルク──中世の想像力と社会』（昭和堂、2014年、共訳）などがある。

女性《じょせい》と天文学《てんもんがく》

2021年11月20日 初版第1刷発行

定価はカバーに表示

ヤエル・ナゼ 著　北井《きたい》 礼三郎《れいざぶろう》・頼《らい》 順子《じゅんこ》 訳

発行者　片岡 一成

発行所　恒星社厚生閣

〒160-0008　東京都新宿区四谷三栄町3番14号
TEL 03-3359-7371　FAX 03-3359-7375
URL http://www.kouseisha.com/

印刷・製本　株式会社シナノ

ISBN 978-4-7699-1673-4　C0044